「脱原発は《日本国家の打ち壊し》」

福岡大学客員教授　永野芳宣

財界研究所

はしがき

私たち人類は、何千年も前から変わることなく争い合い、戦争をして来た歴史を背負っています。現在もまたこれからも、止むことを望みつつもなかなか難しい状況です。良い言葉で言えば、競争しながら力を付け発展し成長していくのが人間社会の運命ともいえます。

何のために争い、戦争までするのかといえば、自分とそのグループの子孫が生き残るためであり、究極的にはその生きるための食料やエネルギー資源を獲得するためです。

有史以来人類は、徐々に国家を創りました。したがって国家のリーダーは、自分たちの国民を養うべく、地球上に定められた地域地方の自然条件に合うように、食料とエネルギー資源を獲得するため、あらゆる智恵を発揮してきました。その重要な手段が、他国との競争であり、下手をすると戦争に発展すると言うことでしょう。

日本列島と言う地域地方を得た日本人は、長い歴史の中で日本国が外敵進入を防衛できるなど、とても自然条件に恵まれていたため、徐々に仲間を増やすことが出来、五、六世紀前頃から、すでに三千万人以上に、すなわち日本列島が満杯になるぐらいの大家族になって来ました。

地震や台風や大雨など災害が多発する日本は、食料はある程度確保出来ますが、二十世紀になってからは、電気の確保をはじめエネルギー資源に恵まれていないことを悟り、海外資源の入手を巡って外国と争い、最後は戦争までして競争しました。しかし、結局は戦争に敗れ欧米など外国と協調していく道を選びました。

東西冷戦と言う世界情勢にも恵まれた日本国民は、安定安価の石油等化石燃料と言う海外資源の入手に成功し、欧米に追いつけ追い越せの《国家ビジョン》を目指して、三、四十年にして高度成長を図り念願の目標を達しました。

最も重要なことは、安定安価な化石燃料が産油国の台頭で不可能になった時のわが国の決断でした。その決断とは、この時日本国の政治のリーダーが、とても量的に少ない資源で大量の電気が得られるウランから出る核燃料による原子力発電を、《無資源国日本の準国産資源》として導入することを決めたことです。そして、電気の四割近くを、原発で供給できる国になり、地球温暖化を同時に推進出来るエネルギー資源の安定確保に成功したのです。

したがって仮に原発を放棄したら、わが国は国民の生活も七百万社以上も在ると言われる中小企業も、成り立たなくなってしまいます。安定的で低廉な準国産エネルギーで発電する原子力発電が無ければ、わが国は成り立たなくなっていると言うことです。

3・11の大災害によって福島第一原子力発電所の四基の原発事故は、日本国民を放射性物質の発生により恐怖に陥れたことは事実です。国家の方針として、原子力は安全だと地域住民に広報することに囚われ過ぎて、真の技術マネジメントの安全対策を怠った傲慢さが問われているところです。

このため、二〇三〇年までに現政権は「原発をゼロにする」を掲げ、その方針を基本的には堅持しております。しかも、この方針が本当に実現した場合、日本と日本国民は一体どうなるのかは殆ど検証もされず、ただ一部の怒り狂う市民の声を国民世論と見据えて、この方針を実施しようと焦っています。しかし、経済界や労働組合、さらには同盟国アメリカや国際原子力機関（ＩＡＥＡ）等からのこのまま原発ゼロに突き進むことへの反発が、猛烈に出てきたためか九月十九日の閣議では、当面の結論は先送りしたようですが、本質的な考えは変わっておりません。

無資源国の日本人が前世紀に「欧米に追いつけ追い越せ」の国家と国民的目標に向かって、そこに生き甲斐を求めて突き進んだように、これから二十一世紀に生きる日本人の生き甲斐は一体何でしょうか。それを、定めなければなりません。それは、過って二十世紀に日本人が求めた生活や文化のハングリーな要請ではありません。成熟国家の日本人が求める生き甲斐は、これから日本独自に追及していかざるを得ません。

それは、多分間違いなく日本人が今到達している、「高度な科学技術力」と「抜群のマネジメント能力」と「深遠な情報文化力」とを生かすことだろうと考えます。その点に従い、端的に最も相応しい例を挙げれば、放射性物質の海と言われる「宇宙時代を克服するための《日本流のグローバル・イノベーション》」を打ち立てると言うような、世界に挑戦する国家目標ではないでしょうか。

こうした目的を目指す日本人の生き甲斐が、新たに企業社会に求められると思います。国家には、そのために如何に戦術戦略を立て推進していくかという重要な役割が在ります。

そうであるとすれば、政治が今進めるべき新環境・エネルギー政策の基本方針は、「脱原発」では無いはずです。日本人は、これからむしろ原発を一層生かすことしかありません。事故の教訓の上に、原発からは敗北撤退するのではなく、それを乗り越える必要が在ります。

私共は、たとえば人類がむしろ放射性物質の化学反応によって誕生したと言うようなことを、もっと知る必要が在ります。その上で、放射性物質を怖がるだけでなく、トラウマから脱却する必要が在ります。

原発の事故と言うことに関わる敗北主義ではなく、放射性物質と共存する勇気を身に付ける必要があります。その上で、宇宙に打って出るための技術力・マネジメント力・情報文化力を生かす国家ビジョンに向かって突き進む覚悟が要ります。

本書は、それを理解して貰うため、「脱原発」の主張の根拠が如何に稚拙なものか、「脱原発」がどれほど日本経済社会を脅かす危険性が大きいのか、さらにみんなが触れたがらない放射性物質と言うものとの、正しい対応の仕方、並びに原発は悪者と決め付ける風評を脱却するための政府の役割の重要性などについて、判り易く解説した積もりです。

日本の環境とエネルギー政策の正しい理解と推進に、本書が少しでも役立つことを、心から願っております。

目次

第二章　トラウマが生むマイナスの大きさ検証

第三章　トラウマを無くすための秘訣

結び

はじめに

「脱原発」と言う言葉を聞くと、私は昔の廃仏稀釈《はいぶつきしやく》運動のお寺「取り壊し」や、百姓一揆などの「打ち壊し運動」を連想してしまいます。しかし、これは単なる打ち壊しでは無いのです。

脱原発は今までの日本の歴史には全く無かった、「日本国家の打ち壊し運動」が始まったことに繋がると思って、愕然としてしまいます。脱原発の主張者は、まさか自分の国を打ち壊しているなどとは、思ってもいないでしょう。そこに、落とし穴が在るのに気付いた時は、もう遅いのです。

原発事故を起こした福島の再生は、もちろん国が責任を持って完璧にきちっと行うべきです。しかし、そのことと他の原発とは完全に切り離して考えないと大変なことになります。

日本人は今、二千年の悠久の歴史の中で初めて、本格的な麗しい故郷の在る自分の国の《打ち壊し》運動を、始めようとしているのです。「脱原発」が、自分を痛めつけるのだと言う間違いに気付かず、打ち壊しを始めようとしていますが、早くこれを止めないと大変なことになります。

この運動が本格化したら、日本は本当に潰れます。全国五十四ヶ所も在る膨大な施設が廃墟に成るだけでなく、準国産資源として役立っているウラン燃料が全く役に立たなくなり、その処理が不可能になります。今周りの国は、最近までじっとそれを見ていましたが、日本政府の《脱原発》と言う敗北主義が本当だと認識し、とうとう先を見越して領土侵害の実力行使を始めました。《脱原発》は、国を揺るがし国民を裏切ると言う大問題なのです。

よもやと思われるかも知れませんが、こうした俄かに見える韓国や中国それにロシアの動きも、日本人が始めた脱原発という自らの打ち壊し運動と、関連して点け込まれてきていることに是非気付いていてください。

百四十五年前の明治維新の折、廃仏稀釈運動が起きて全国津々浦々のお寺が打ち壊しに遭ったことが在ります。しかし、二年後には完全に治まりました。そして、明治四年に神社を日本と言う国家の「宗紀（そうし）」すなわち祖先を尊ぶ場所とすることが定められたことと相まって、早急に全国のお寺も元に復元していきました。

また、幕府が解体された時、江戸城の周りに在った侍《さむらい》屋敷が全て打ち壊されて取り払われ、広大な畑になりました。しかし、これも直ぐに陸軍の練兵場に変わり、さらに丸の内の近代的ビル街となって、有効に活用されていきました。

さらに六十七年前の第二次世界大戦が終焉した時、今までの軍需工場は一斉に取り壊されました。一種の打ち壊しのような状況ですが、これも直ぐに民間工場に再建されたりしました。言うまでもなく、米軍機の猛烈な爆撃に遭って、日本全土の都市や工場等が打ち壊され焼き払われましたが、数年後には殆ど再建されて行きました。もちろん原爆を落とされ、数十万人の命もろともに完全に破壊された広島・長崎も、数年後には復興し今日の立派な街になりました。

だがもし、今回の脱原発の方針で本当に原子力発電所を廃棄すると決め、打ち壊しを始めたら、一体どういうことになるでしょうか。戦後六十年間を掛けて人と技術の粋を注ぎ込んだ、何十兆円もの発電所の資産が失われるだけでなく、少なくとも全国の五十四ヶ所の広大な原発跡が、それこそお化け屋敷になるだけです。また、貴重な平和利用のためのウラン資源が無駄になり、かつ処理場所が無いことになります。それだけではありません。五十四ヶ所の原発が在る市町村、すなわち地域社会が同時に解体されたと同じことになるのです。

悠久二千年と言う日本国始まって以来の、大変なマイナス行動を起こそうとしているのが脱原発運動であり、それはわが国の終わりを象徴するものに成りかねないことを、覚悟して貰いたいと思います。

とにかく現在、放射性物質とか放射能とか放射線被曝と言う言葉を聴いただけで、怖くなるような世の中に日本全体がなりつつあります。風評被害を日本中だけでなく世界中にばら撒いた元首相まで含めて、原爆と原発を一緒にしてそのトラウマに罹り、正しく中味を理解しないで、怖がっているのではないですか。

特に政治家が中身もよく吟味しないで、反原発、脱原発と述べている影響は実に大きいと考えます。

こう述べると、国民のみなさんの中には、おそらく反発され命の大切さを忘れたのかなどと、厳しく批判する方が居られると思います。もちろん命は、何よりも大切です。しかし私は、これから日本人が元気を取り戻したいなら、宇宙に住む私たち人間は、常時一定レベルの放射線を被曝していることを認識しながら、放射性物質のことを怖がらないで、真っ直ぐ前を見て先ず正しくその本質を理解してもらいたいと思います。

これは、感情論で主張しているのでは在りません。現実に起きる事態を、科学的に突き詰めて集約したものです。

原発は打ち壊すのではなく、活用するようにしていくべきです。日本が先の戦争に負けて間もなく皆さんの先輩が、六十年前に決めて苦労して造り上げて来たものです。後戻りは出来ません。それは、また戦争に負けたと同じような、あるいはそれ以上に悲惨なことが待ち受けていると言うことです。

したがって是非とも、「未来に向け放射性物質と共存して行こう」というぐらいの勇気がないと、間違いなく日本と言うこの国は世界に生き残れなくなる、そう私は思っています。

放射性物質には、いろいろな種類が在り、どこにでも存在するものです。私たちの体の中にも、例えばカリウム40と云う放射性物質があり、常に被曝しているのです。後ほど詳しく説明しますが、こうした放射性物質が人間の生命を支えています。そういう放射性物質だって在るのです。みなさんは、温泉に行かれますね。温泉のお湯もラジウムと言う放射性物質が在り、みなさんが温泉湯の中でその放射線に適度の被曝をするから役に立っているのです。

だから一言で放射性物質とか放射能とか、あるいは放射線被曝という言葉だけで、良いとか悪いとか決め付けるのは間違いです。どんな種類のものか、どういう状況だと怖くないのか、また逆に怖いのかを判断する必要があります。

したがって、放射性物質は何でも怖い、だから脱原発だと言うような主張にダマされてはいけません。

この本は、そのことを十分ご理解頂くために書いたものです。

さらにその上で申し上げたいのは、現在の政権与党である民主党をはじめ、多くの政治家が世論を気にして脱原発を、公約に掲げようとしいることについてです。本当に、原子力発電所を無くして良いのでしょうか。仮に無くなったら、どんな事態が起きるか、日本の将来をあらゆる角度から検証した上で、脱原発などと言っているのでしょうか。とても、そうは思えません。

本当に日本から私共が準国産資源とまで考えて、大切な人と技術を長年に亘り投入して来た原子力発電所を無くしたら、無資源国の日本人は生きていけなくなるのです。

その影響の大きさを、真剣に考えたことがありますか。単に電気料金が、何倍にも成ると言うだけではありません。日本中の七百万社以上も在る企業が、コスト高で競争出来ず潰れてしまえば、日本人は生きていけないのです。そして、日本は完全に崩壊します。

仮に脱原発を決め数十年に亘って、これから太陽光発電とか風力発電などの再生可能エネルギーを建設し、原発に代替すると言う夢物語が実現する前に、会社がつぶれ失業者が溢れ、そして超借金大国に成った哀れな日本は、原発だけでなく全てが瓦礫の山を築くだけになっているでしょう。

その理由や具体的な根拠を、この本では正しくお伝えすることにしております。この本を読まれたみなさんの力で、是非とも日本から原子力発電を無くしたら日本はお仕舞いだと言う世論を、逆に形成してください。

序章　トラウマを引っ張る世論と言う名の妖怪《ようかい》

1・「無資源国」ということを忘却させる妖怪たち

《世論》という「かたち」をした妖怪が、日本中を徘徊しています。その妖怪は、日本は無資源国だと言う大変重要なことを、私共に忘れさせようとしております。

なかなか、3・11のトラウマ（精神的外傷）から抜け出せない方々は、とても可愛そうです。もちろん、その方々は立派な皆様です。だがその声だけを政治家が取り上げ、強調されてマスコミによって増幅されると、いつの間にかそれが国民の世論だと言うかたちを造り上げ、その《世論と言う「かたち」》が一億二千万人の日本人全部を蝕む妖怪になってしまうのです。

下手をすると、この恐ろしい「かたち」の妖怪の仕業で十八年後の二〇三〇年に、日本は間違いなく崩壊して仕舞います。何故でしょうか。

それは、心地よい響きを持った「二〇三〇年に向け原発を限りなくゼロにしよう」という政治家の発言が、日本中に燎原の火のように広がり始めているからです。このままでは本当に無資源国の日本の電気料金や物価が、十八年後には三百％いや五百％ぐらいにも高くなるからです。同時に消費税なども、少なくとも三倍になっているでしょう。

それに、《放射性物質が怖いから》日本の原発はゼロにする、すなわち「脱原発だ」と言う主張は、世界中に次の四つの極めて深刻な悪影響を与え、ブーメランのように日本に跳ね返ってくるのです。

一つ目は、原子力発電所を造る能力を日本が止めることは、これから世界中が原子力の世の中になろうと意気込んでいる時に、国際的に大きな経済的マイナスと打撃を与えることになります。

原子力発電所は、人と技術の塊です。日本が米欧から原子力技術を導入し、六十年間に亘って進めてきたこのための《人財》と《技術力》とは、世界最高水準に達しています。脱原発とは、それを打ち壊すような運動を始めようとしていることです。

原発が打ち壊されて無くなってしまうことは、わが国はもちろん人類全体のために、大変大きなマイナスです。

また、火力発電と違って原子力発電は燃料費のウエイトが低く、機器を国内で製造生産するウエイトがずっと高いと言えます。この点からも、日本国内での生産販売に、大きく貢献出来る準国産資源です。よって原発を廃止することは、わが国のGDPの大きなマイナス要因になり、雇用も当然失われそれは日本経済に取り大きな打撃となりかねません。

二つ目は、バーレル当り百二十ドル以上もするようになっている、石油など化石燃料が排出するＣＯ２の地球汚染です。わが国の原子力発電の代わりに火力発電を増やせば、確実に世界の環境問題の悪化に直結することになります。

今年の夏の日本列島は、一ヶ月以上に亘り最高気温が三十度を越す異常気象でしたが、このような状態がさらに悪化する原因の一端を、自ら日本が作り出すことに繋がります。

三つ目は、今のところ多くの日本人が気が付いていないようですが、原子力発電を殆ど全部停めて、日本は３・11以来産油国などから大量に石油や石炭や天然ガスを、貿易収支が赤字に転落するほど購入し始めました。このため、石油換算でバーレル当り百二十ドル以上もする品物を購入するため、今までの必要購入分を入れると、少なくとも合計十兆円近い大金を日本から支払っています。

それが、そっくりどんどん産油国等の懐に入って居ります。こうして取得された金融資産が、益々膨張していきます。この金融資産が、従来から金融工学的にバーチャルな市場を形成し、結果的に今までもリーマンショックやユーロ危機を引き起している、重要な要因の一つといわれて来ましたが、日本の脱原発が一層輪を掛けることになりそうです。

すなわち、昨年以来原発の代わりに日本が、化石燃料を大量に購入している資金が、世界各国の財政危機を一層拡大再生産していく原因と成りかねない状況に、今までよりもより深く加担し続けているということです。

それはやがて、全てが日本に跳ね返ってきます。声を張り上げて「脱原発」を主張しているみなさんは、覚悟してください。人口もどんどん減り、経済成長がマイナスに転じたこの国は、全く火が消えたように多くの企業が倒産し、失業者が街に溢れていきます。自殺者も、増えるでしょう。

しかも四つ目ですが、すでにロシアの大統領や首相が北方四島を、韓国の大統領が竹島を堂々と上陸視察し、中国と台湾の政府が尖閣諸島は自分たちの領土だと宣言し始めました。これも、先ほど述べたように政府の「脱原発宣言」と、大いに関係があるのです。原発を破棄するという敗北主義は、それほど大きいのです。香港の民間人が、遂に尖閣諸島の一つに上陸しました。さらに、野田首相が石原慎太郎東京都知事の了解の下に、同諸島の国有化を宣言したのをきっかけに、九月中旬から始まった中国国内での反日デモは、百都市にも及び、日本大使館や日本企業の、それこそ打ち壊しと呼んでもいいくらいの暴挙となっています。しかも、これは始まったばかりです。北京を訪問中の米国のパネッタ国防長官と会談した中国の次期主席に事実上確定している習近平副主席は、尖閣諸島の日本の国有化宣言を、日米同盟にからめて強烈に批判したと報道されました。「脱原発」は、すでにそこまで影響してきているのです。十八年後には、一体日本の国土はどうなっているでしょうか。誠に心配です。

先ごろ、オリンピックで最高の成績を上げたと言うので、メダリストのパレードが在り五十万人もの人が集まったと報道されました。先が見えず、憂鬱感が漂っている中で、オリンピックはとても嬉しい国威発揚だと、国民が率直に感じたと言うことでしょう。

しかし、正直言ってスポーツだからと単に喜んで騒いでいる暇は、今の日本には無いのではないでしょうか。もちろん、オリンピックで勝つことは、とてもうれしい。だが、どこの国でも選手たちは国運を背負っています。目的を持って、スポーツだとはいえ必死で臨んでいます。しかし、日本の選手一人ひとりに、本当に国運を背負っていると言う覚悟が在るかどうかは疑問です。

2・公正・中立で無い「脱原発前提の政府主催公聴会」の実態

現在は、目の前のことしか私たちには判らず、例えば以下のようなトラウマを引きずった発言が、世論のかたちを取った妖怪となって、日本中に一層恐怖をばら撒くことになります。

以下は、私自身が参加した古川元久国家戦略担当大臣出席の環境とエネルギーについて「市民の意見を聞く公聴会」の実態ですが、これは正に脱原発を勧めるための政治的な誘導政策でした。公正・中立を主張しながら、そして国費を使いながら全く公正・中立という言葉に反する状況を先ずご紹介しておきます。

大臣は、「脱原発の方針は、野田佳彦内閣も民主党政権の方針として了解されている」と述べましたが、全く可笑しいと思います。何故なら、自公政権から政権を奪取した民主党初代の鳩山由紀夫総理大臣は、国連で地球環境問題に日本は積極的に貢献するため、原子力発電を二〇二〇年には五十％に引き上げ積極的に原発を推進するという方針を打ち出したのです。僅か三年前です。しかも、その鳩山総理の下で、次の菅　直人総理は副総理大臣、そして現在の野田佳彦総理は二〇一〇年六月発足の菅総理の下で財務大臣であり、いずれも重要な閣僚ないし与党民主党のリーダーとして、原発推進を支えた人物でした。

政治学者の小林良彰教授は「政権交代―民主党政権とは何だったたか」（中公新書）の中で、「日本の代議制民主主義が機能不全を起こしている」（一七三頁）と厳しく指摘しています。

国民に約束した方針を変えるには、単なる閣議などの了解で済むものではありません。

それにも拘わらず、百八十度異なる「脱原発」が国民から負託された民主党政権の基本政策であるとして、恰も公正・中立であるかのように装って公聴会を開くという遣り方は、完全に欺瞞としか言いようがありません。

「あの３・11の大地震とツナミ以来、福島原子力発電所の近くに住んでいた私は、故郷を追われて九州に身を寄せています。放射性物質の散乱のため、先祖伝来の家には永久に帰れない。この悲劇が、みなさん分かりますか。日本国中、私たちと同じ悲劇を決して繰り返さないためには、今すぐに全ての原発を廃止すべきです」

会場から、大きな拍手が起きました。発言したのは、甲高い声の六十代の女性でした。

すると今度は、五十才ぐらいの男性が低い声で発言しました。

「原子力発電を再稼動しないと、計画停電になると電力会社は言っていた。ところがどうです、みなさん。原子力が全部停まっているのに、停電なんて起きていない。原子力発電が必要だなんて言うのは、嘘だよ。これは、電力会社と原子力ムラと役人の陰謀だ、原発なんて、要らないよ。子供たちを守るためにも、放射性物質が何時飛び散るか分からない原発は即時廃止し、地球温暖化に貢献する風力や太陽光など再生可能エネルギーを急いで導入すべきだ」

また、《そうだ》と言う声も掛かり、同じく拍手の嵐が起きました。

「私も同感です。二十年間の再生可能エネルギーの全量買取制度を是非維持してください。トイレの無い原発は早く廃炉にしましょう。また、電気料金の値上げなんてとんでもないです。総括原価などと言って、誤魔化している電力会社の賃金はもちろん、何もかも洗いざらい追求してむしろ値下げさせましょう」

今度は、三十代ぐらいの若い女性の発言でしたが、今までよりさらに大きな拍手が続きました。

私は、二〇一二年（平成二十四）八月四日（日）午後二時から四時半までの、政府主催「エネルギー・環境の選択肢に関する意見聴取会」にインターネットで応募したところ、出席して良いとの通知が同じくネットでありました。全国十一会場で開催した同主旨の、福岡が最後の意見聴取会だったようです。

応募の仕方は、二〇三〇年時点の原発は①ゼロ ②十五% ③十五~二十五%の三つのどれかとその他を明確に示して申し込むこと。抽選で選ぶが発言希望者は、百字以内に主張点を挙げることとありました。もちろん、発言したいと申し込みましたが、しかし発言の抽選には選ばれませんでした。

政府のエネルギー環境会議が発表した、全国十一ヶ所の意見聴取会の状況を後で知って私は唖然としました。もちろんインターネットで検索して判ったことですが、第一表に示した通り、七月十五日以降八月四日までの間に、全国十一ヶ所で開催した状況が明らかになりました。さいたま、仙台、名古屋、札幌、大阪、富山、広島、那覇、高松、福島、福岡の各都市で開催されました。

ご覧の通り申込者の数が、三千二百十五人。一番多かった大阪での申込者の五百八十五名、最低は沖縄那覇の四十六名です。十一ヶ所の平均は、二百八十五名に過ぎません。申し込んだ人は、おそらく住民の〇・〇〇一％にも達しないでしょう。

私が参加した福岡の場合では、応募者は九州全体をカバーして申し込ませていますが、申し込み総数が僅かに二百四十二人、来場してよいと言う通知を出した人は、二百十二人。三十人はお断りしたようですが、理由は不明です。

千二百万人以上も住んでいる九州全体で、僅かに全部で二百余人でした。しかも来場者はさらに減って、百三十九人です。上述の表に示してあります。

このように福岡での全体の来場者は、古川国家戦略担当大臣他政府の関係者十数名とマスコミの方々が約三十名を入れて、百五十名程度でした。応募者二百四十二名の中で、原発ゼロを明確に表明して来場した人は八十一名（三十三・五％）、十五％以下が九名（四％）、十五〜二十五％が十七名（七％）、その他が二十名（八％）であると言うのが正しいのです。

ところが、事務局の発表は来場者百三十九名（意見申込者百二十七名）の内訳、すなわちゼロシナリオ賛成者八十一名、十五％が九名、十五〜二十五％が一七名、その他二〇名であること。よって、発言者は原発ゼロ六名、十五％二名、二十五％二名、その他二名の合計十二名に決めたと言うことでした。どうしてゼロの主張者を六名にしたかは説明がありませんでした。

しかし、どう考えてもこれは意図的です。少なくとも、インターネットで申し込んだ二百四十二名から見ると、ゼロを意思表示し来場した人の比率は、三割に過ぎません。それに、申し込んだ人自体が、千二百万人以上が住んでいる九州全体から判断すると、〇・〇〇一％にも満たない数字です。こうした場合は、平等に三人ずつ意見を述べさせるのが常識でしょう。

私は、三つのうちという選択肢しか無い、と思っていたので二十五％で申し込みました。その申し込みは百字以内と言うことでしたので、次のように書いて出しました。

＊シナリオ十五～二十だが、将来原発はもっと必要。
＊原発停止で燃料費、ＣＯ２対策費増、自然エネ買取り費増で料金上昇必至。
＊早く原発稼動しないと企業も家庭も耐えられず。
＊本来、もっと時間を掛けこの国民的課題は慎重検討すべし。

もちろん、彼らの意図する意見に真っ向から切り込む主旨ですので、意見表明はさせて貰えませんでした。

原発ゼロと十五％以下の脱原発依存の主張者の発言が、双方合わせて全体の七割近く居られましたので、以上述べたような原子力発電所は日本には要らないと言う意見を、たっぷりと聞かされた次第です。

そして、翌日の各新聞にも七割の市民が原発ゼロを要望、と報道されておりました。原発ゼロは福岡で六割弱だったのにと思って、よく読んでみるとそこだけは、全国十一ヶ所の平均値と言う数字に変っておりました。おそらく、福岡だけ六割と言う数字は想定外だったのでしょう。

しかしそれにしてもみなさん、この第一表を見て何かおかしいと思われませんか。七割が世論と言うのは本当かなあーと、考える方が多いのではないでしょうか。こんな真にごく少数の人たちの意見が、国民全体の要請と言うようになってしまうのです。

疑問が出るのは、当然です。政府主催のこの意見聴取会の事例には、次のような幾つかの大きな問題点が在ります。

第一の問題点、主宰者の発言からこの集会が「脱原発」を前提に開催しているということです。先ほど触れたように、国民から選ばれ政権の座に付いた民主党は、自公政権以上に「原発推進」が旗印だったのです。

したがって、現政権のエネルギー政策の進め方は可笑しいと思っている人たちは、殆ど応募されなかったのです。反面、脱原発に賛成する《声ある声》の人たちが、こぞって応募されたのでしょう。禁止と明言された電力会社の関係者を含め、非常に多数の《声なき声》の人たちは、殆ど応募などすることが出来ない仕組みになっていたのです。

主宰者を代表して挨拶した古川大臣が、先ずはっきりと「脱原発は政府の基本方針であり、可能な限りゼロにしていく」と述べました。主催者の政府自体が、今から十八年後のわが国の電気エネルギー源を原発ゼロにする方向に誘導していると言うことです。先ほどから指摘しているように、大きな問題です。

主宰者たちは、上述したように日本の脱原発の主張が、単に国内の問題ではなく、世界全体の地球温暖化への悪影響や、さらに日本が購入する高価な石油代金という余剰資金が、ユーロ危機以上の問題まで作り出す危険性が在ることを、知らないで「脱原発と言う名の未曾有の打ち壊し運動」を主張しているのでしょうか。

序に述べれば（本文でも触れますが）、こうした各地での市民の意見や公募した意見等を纏めて、エネルギー国民会議を開き、「公平性・中立性・公開性」を基に二〇三〇年すなわち、十八年後のわが国のエネルギー選択を決めることになると、八月十三日に古川大臣が発表しました。だが、その後の経緯を見ますと、上述のように百八十度方針を転換したこの人の発言には、とても最初から特に「中立性」などという考えは無いのです。

第二に、インターネットでの応募の仕方に問題があります。

インターネットで応募した人だけを対象にし、しかも応募に当っては職業・氏名・住所などを明記させ、さらに原発ゼロから二十五％までの意見を表明させて、申し込まないと受け付けない点です。こうした、踏み絵があるのです。もちろん、電力会社の従業員等は受け付けないとはっきり言っています。野田首相が、電力会社の人間の応募は禁止せよと指示したと言われておりますが、これが平等公平な遣り方と言えるでしょうか。

これでは、政府の方針に異論を持たれる方々の多くは、おそらく応募されなかったでしょう。

だから当然政府の方針に賛成し、危険だと思う原発反対の方が大勢来られた集会になったのです。このように、原発ゼロが七割で十五％の脱原発依存という意見を入れると九割近いなどというのは、全く作為的なのです。

第三に、どうして本当に公平な選び方をしなかったかが問題です。

本当の国民の声を平等に聞くと言うなら、何故裁判員を選ぶ時のように無作為に選んで意見を聞かなかったのでしょうか。そうすれば、ひょっとすると数字が逆転するどころか、原発ゼロという人たちの数字は、それこそゼロに近かったかも知れません。何故なら、あれだけ政府やマスコミが宣伝した集会に、脱原発を表明して応募した方は、先ほど述べましたが九州地方全体で僅か二百名以下だったのです。約千二百万人が住む九州の人口の割合から判断して貰えば、簡単に理解して頂けると思います。

第四に、政府の説明資料に作為が見られることです。

政府が募集に当り事前にインターネットで配信した説明書には、原子力・火力・風力・太陽光・地熱・水力などの、現在のＫＷｈ当りの発電コストと二〇三〇年時点の予想コストは出ておりました。もちろん、太陽光発電などは、技術革新で大きくコストが下がると

第1表　エネルギー・環境の選択に関する意見聴取会（全国11会場の内訳一覧）

	埼玉 (7/14)	仙台 (7/15)	名古屋 (7/16)	札幌 (7/22)	大阪 (7/22)	富山 (7/28)	広島 (7/29)	那覇 (7/29)	高松 (8/4)	福岡 (8/4)	福島 (8/1)	合　計
申込総数（A）	541	175	352	286	585	250	265	46	167	242	216	3,215
意見表明申込者（B）	309	93	161	129	318	117	117	9	67	127	95	1,542
ゼロシナリオ（C）	239	66	106	106	211	65	73	8	28	81	—	983
15 シナリオ（D）	30	14	18	10	40	15	12	0	10	9	—	158
20-25 シナリオ（E）	40	13	37	13	67	23	17	0	10	17	—	237
3つのシナリオ以外（F）	—	—	—	—	—	14	15	1	19	20	—	69
参加のみ申込者	232	82	191	157	267	133	148	37	100	115	121	1,583
定員・当選者数	250	130	120	242	154	192	127	62	192	212	378	2,059
実際の来場者数（G）	170	105	86	172	108	120	79	37	120	139	161	1,297
（C）/（A）%	44.2	37.7	30.1	37.1	36.1	26	27.2	17.4	16.8	33.5	—	30.6
（C）/（B）%	77.3	71	65.8	82.2	66.4	55.6	62.4	88.9	41.8	63.8	—	63.7

資料：政府の「エネルギー環境会議」

（注）この意見聴取会は、2012年7月14日〜8月4に亘って行なわれた政府主催の会合であり、上記都市名の下の数字は、それぞれの開催期日を表している。

第1図　電気料金の負担増を示していない政府の電源別比較

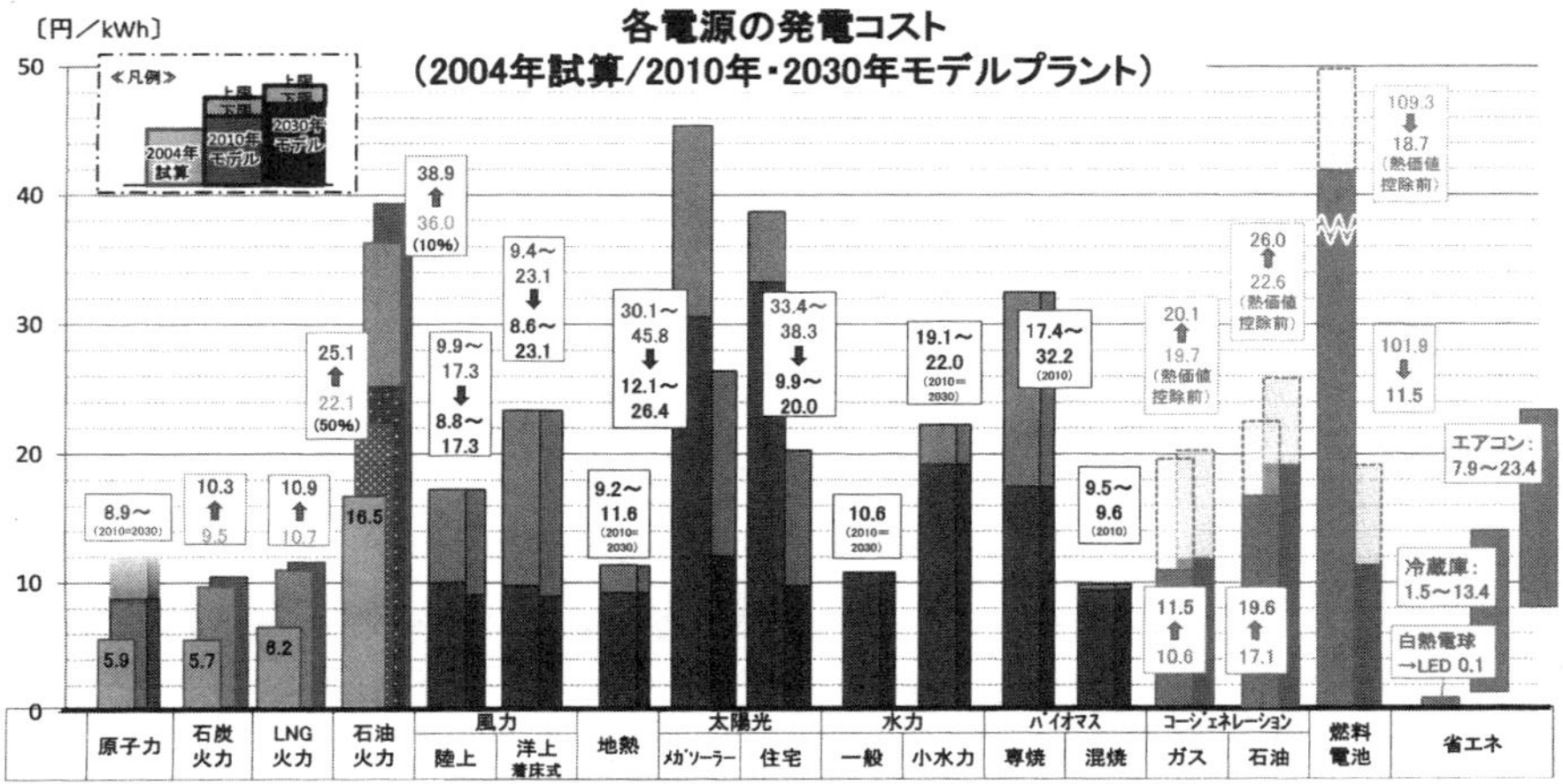

言う前提です。

しかし、将来どれだけ、家庭や産業に対する電気料金の負担が増えるのかという説明は、第一図①②の通り殆ど明らかではありません。KWh当りの電源別コストの一覧表があるだけです。しかも、大きな巾で示してあります。

この点が一番問題なのに、判断材料として不十分すぎます。都合が悪いデータは、出したくなかったのでしょう。もしも、そうした検討はしていないとでも言うなら、これまた余りにもいい加減な意見聴取会だと言わざるを得ません。

以上私が実際に経験した話を基に、一例を挙げ《世論》の「かたち」をした妖怪の実態を説明しました。

3・グローバル化していない日本の放射性物質規制基準

トラウマ（Ｔｒａｕｍａ）という言葉を、ご存知だと思います。顔など怪我をして外傷が残ることを懸念する「精神的外傷（後遺症）」のことを顕した英語です。もっと分かりやすく説明すると、「過去に犯した失敗を何時までも背負っている人間の心理状態」を、言い表す時に使う言葉だと思ってください。

日本人は今、二〇一一年三月十一日に発生した千年に一度と云う、大地震と巨大ツナミのために崩壊寸前になった福島第一原子力発電所、そこから発生した「放射性物質による汚染」と言う恐怖、そのトラウマに完全に巻き込まれています。

用心に越したことはありませんが、危ない危ないと言って遂に3・11当時の総理大臣が、運転中の浜岡原子力発電所の停止を要請して、すでに一年半が経ちました。

しかし今のところ、何にも起きなかったではないですか。その間、中部電力だけでも原子力を停めた代替として、バーレル当り百二十ドル（KWh当りの燃料単価で原子力発電の十倍）もする火力発電を動かし発電してきたため、年間六千億円もの全く無駄な燃料費を、同社は払いました。このため、中部電力は赤字に転落しました。

全国五十基四千五百万KWの原子力発電所が、定期検査を終えたのに、千年に一度の割合で発生した福島原発の事故と同じく、千年に一度の事故にも耐えられる設備補完をしなければ、運転してはならないという異常な判断が、トラウマとなって、政治・行政・学者・評論家・市民団体そしてマスメディアなどの中に、幅広く居座り続けております。

もちろん、私が書いている瞬間にも、大事故が発生するかも知れません。だが、そのリスクを恐れていては、日本人は再び一流の国には絶対成れません。

オリンピックで、本当は騒いでいる暇は無いと言いましたが・・・それでも今回は日本人は懸命に頑張って、史上最高の成績を収めたではありませんか。それは、レスリング女子の吉田沙保里選手のように、みんながトラウマを吹き飛ばしたからです。

トラウマを吹き飛ばした吉田選手は、さらに九月二十八日のレスリング世界選手権で勝利して、史上初の十三連勝をなし遂げました。ロンドン・オリンピックでのトラウマ解消が一層彼女を勇気付けたのです。

そのオリンピックが開催された、イギリスの放射性物質セシウムの基準値は、二百ベクレルです。アメリカは千二百ベクレルです。日本人は、そうした外国で平気で水を飲み空気を吸って、美味しい食事をして、気分良く選手団はもちろん、大勢の方々が日本に帰って来られているでしょう。

ところが日本に入国すると途端に、何故か日本だけがとても厳しい僅か十ベクレルと法律に基づく省令で決められた生活に、甘んじなければなりません。アメリカの百二十分の一以下、イギリスやフランスなどEUの約二十分の一の厳しい規制値が、何故か堂々と定められ、政治家を含め誰も文句を言えない状態です。正に、信じられないほどのトラウマ病のようなものです。

第二表は、現在の各国が定めた放射線の被曝基準線量ですが、ご覧の通り特に食品についてて、わが国の基準値が如何に厳しいかが、お分かり頂けると思います。「コーデックス」と云うのは、ラテン語からきた「食品の規格」という意味です。現在、世界的に通用する唯一の食品規格です。

例えば福島の原発から十キロ圏に住んでいる方は、なかなか自宅に帰れない。それは、上述のように放射性セシウムに関する飲料水や野菜等食品の規制基準値について、とても厳しく定められているからです。飲料水がＥＵの二十分の一、米国の百二十分の一になっており、これではいつまで経っても住民は戻って来られません。中国や東南アジア諸国と比較しても、押し並べて同じ状態です。ところがこうした十キロ圏の方が海外にいらっしゃると、福島の何十倍、何百倍も放射性物質の規制基準値のゆるい所で食事をせざるを得ません。転勤等で海外に行かれたら、相当長期に平気で生活をすることになります。そう考えると、おかしいなと思われませんか。

是非この第二表をじっとご覧になって、わが国の異常さに気付いてもらいたいと思います。私共は、覚悟を決めて、トラウマから脱出しようではありませんか。

特に、選挙が近づくと、脱原発と言ってトラウマを煽る妖怪が、世論と言う仮面を被った「かたち」をして、間違いなくイソイソと出てきます。

　後で詳しく述べますが、電力会社の全量固定価格買取制度を導入し太陽光や風力など再生可能エネルギーに十年前に転換したドイツやスペインが、どんな状況かご存知でしょうか。

　ドイツでは、この全量買取制度を続けてきたため、今十倍以上に上昇した電気料金に悩んでいます。そこでドイツのメルケル首相は、先ごろ公然と原子力廃止を宣言しましたが、こっそり裏では隣のフランスやチェコから、コストがとても安い原子力発電のＫＷｈをどんどん輸入しております。同時に自国の低コストの石炭火力で発電した電気を、旧東欧諸国に大量に輸出したりしております。これが、実態なのです。しかし、島国の日本では、ドイツのように外国から、安い原子力のＫＷｈを輸入したり出来ないのです。

第２表　放射性核種に係る日本、各国およびコーデックスの指標値

（単位：Ｂｑ／ｋｇ）

	放射性ヨウ素 ^{131}I				放射性セシウム ^{134}Cs ^{137}Cs				
	飲料水	牛乳・乳製品	野菜類（除根菜・芋類）	その他	飲料水	牛乳・乳製品	野菜類	穀類	肉・卵・魚・その他
日　本	300	300	2,000	魚介類 2,000	10	50	100	100	100
Ｃｏｄｅｘ	100	100	100	100	1,000	1,000	1,000	1,000	1,000
シンガポール	100	100	100	100	1,000	1,000	1,000	1,000	1,000
タ　イ	100	100	100	100	500	500	500	500	500
韓　国	300	150	300	300	370	370	370	370	370
中　国	—	33	160	食肉・水産物 470 穀類 180、芋類 89	—	330	210	260	肉・魚・甲殻類 800 芋類 90
香　港	100	100	100	100	1,000	1,000	1,000	1,000	1,000
台　湾	300	55	300	300	370	370	370	370	370
フィリピン	1,000	1,000	1,000	1,000	1,000	1,000	1,000	1,000	1,000
ベトナム	100	100	100	100	1,000	1,000	1,000	1,000	1,000
マレーシア	100	100	100	100	1,000	1,000	1,000	1,000	1,000
米　国	170	170	170	170	1,200	1,200	1,200	1,200	1,200
Ｅ　Ｕ	300	300	2,000	2,000	200	200	500	500	500

（注）コーデックスとは、国連で採用されている世界的に適用する食品規格のこと。
（注）日本は、セシウムについて、2012 年 4 月 1 日に改正された数値。

第一章　日本人のトラウマ検証

この章では、私たち日本人が今まで長い間に亘って、どのようにトラウマ（精神的外傷）を経験してきたのか。その姿を、検証して見たいと思います。

こうした歴史的な事実、すなわち歴史の遺産をしっかり振り返ることが、将来への反省に繋がります。また、新たな覚悟のための材料にもなるのです。

私たち人間は、毎日そして毎日決して全く同じことを繰り返したり出来ません。今まで行ったこと、すなわち過去の経験を基に新たに努力をしているだけです。だから、過去の歴史という経験を無視しては、未来は無いのです。

先ずは、トラウマの現状と何故日本人はトラウマに弱いのか、その理由を探ってみます。

第一節　トラウマに掛かった日本人の異常さ

先ず、私の直接体験した最近のわが国政治行政の異常さについて、先ほどのように「序章」で説明しました。

衆議院議員の選挙で、初めて民主党は当選者三百八名の圧倒的多数で自民党（百二十名）を破り、鳩山由紀夫代表を首相に指名し政権を執ったのが、一昨年（二〇〇九年）の九月でした。

この首相は、初めから地球環境問題に異常な関心を示し、早速国連で驚く無かれ「わが国は一九九〇年比、ＣＯ2を十年後の二〇二〇年までに《二十五％》削減する」「そのため、原子力発電の比率を十年以内にあと十基（八百万ＫＷ）造って、原発の比率を五十％にする」と宣言したのです。

ところが、沖縄の米軍基地の問題で躓き始め、政治献金問題でも大きな疑惑に包まれる等、一年足らずで菅　直人副総理に首相の座を引き継ぎました。３・11の大震災と云う事件は、この民主党二代目の首相の下で発生しました。

すると、この政権は一転して原発推進を百八十度転換し、脱原発を閣議決定すると同時に、民主党の基本方針として確立し、国連で表明した国際的約束を反古にしてしまったのです。

その菅首相も、個人的パフォーマンスが多過ぎて、また一年以内に退陣。漸く現在の野田佳彦首相になりましたが、消費税問題で混乱し目指す税と社会保障の一体改革の骨子は一応野党の自民・公明両党の協力を得て、衆議院を通過したものの、世論の支持はすでに二十％台以下に低下し風前の灯です。

だが、脱原発のトラウマはしっかりと受け継がれており、先ほどから述べるように、今もこの原子力打ち壊しの方針を堅持しております。

あろうことか、何と僅か二年前に原発推進五十％と言った鳩山首相に至っては、支離滅裂。最近では自ら国会デモに参加し、消費税反対と脱原発を叫んでおります。

どうしてこのように、日本人はトラウマに弱いのかを取り上げます。

1・十八年後（二〇三〇年）でなく十年で日本は潰れる

この本の題名を「脱原発は《日本国家の打ち壊し》」と決めた時、その話を私は妻にしました。すると彼女曰く。

「十八年後でなく、十年後にもこのままでは日本が、打ち壊されることになるかも知れませんね」

私はびっくりして、この時ほど自分の妻の顔を真剣に覗き込んだことは無かったと思います。

「そんな真剣な顔して、どうしてなの？」、さらに「私、何か可笑しなこと言ったの」と、逆に怪訝な顔をしました。

それから、彼女は次のように言いました。

「だって、今まで原子力発電所（以下「原発」と略称）で作った電気が四割近くも在ったから、安い料金で電気を使って来た訳でしょう」

「そうだけど・・・」と、私が言うと彼女の声が少し大きくなりました。

「だから可笑しくない。総理大臣の命令で、福島の放射能漏れが在って以来、心配だからというトラウマで、全部の原発を停めたでしょう」

「定期検査で停めたら、福島の事態が起きても大丈夫なように総点検しろと言うわけだ。運転中の浜岡原発まで止めたね」

「ところが、心配だと言って停めてこの一年半、何も起きていないのよ。現実に動かしていれば、とっても高い値段で石油とか石炭や天然ガスを輸入しないで済んだのよ。それだけで、代わりに高い石油などを輸入したでしょう。だから、もう三兆円近くも余計に外国に支払っているなんて、全く可笑しいじゃないですか」

私の妻の言う通りだと思う。

私もつられて、負けじと言いました。

「確かに、三兆円だと一億二千万人の日本人が一人当たりで三万円の負担だから、四人家族だと十二万円を払ったことになるね。それに石油などを使えば、CO2の対策費が要るし、さらに原子力の代わりにと政府が奨励している太陽光発電等再生可能エネルギー（以下「再生エネ」と略称）の全量買取制度のコストも段々に高く加算されるし、消費税も増えるしね。下手をすると一家で五十万円ぐらい・・・いや、十年後には百万円か」

私がそう述べると、「そうでしょう、大変な金額だわ。一体どうするつもり？　もしもこれが、自分の家計の話だったら大騒ぎよ。会社だともっと大騒ぎになるわよ。だから、これから十年間日本は持つかなと思うのよ」と彼女は付け加えました。

仮に彼女が言うとおり、十年後に原発の電気が無くなったとして、その頃約一億一千万人になった日本人全体が、負担しなければならない追加費用は、年間一人十万円と少なく見積っても、十兆円以上になるだろう。

ところが、原発を廃止するのは簡単ではない。第三表を見て頂きたいと思います。

以上のような直接費用に加えて、その廃止する原発の核燃料を含む廃棄費用、代わりに発電するメインの火力発電所の建設費も膨大になります。それに、原子力が無くても、計画停電にもならず何とかなったではないか。元々原子力は余計物だったのではないか・・・などと、とんでもない言い掛かりが出て来ております。これは、誤解も甚だしいのです。

原発を停めてしまったので、各電力会社は、例えばもうすでに百万キロ近くも走ったような廃棄寸前の自動車と同じく、もう何十年も経って廃棄寸前になっているポンコツ火力発電所をも、慌てて修理して動かしたのです。現に、最近全国の火力発電所の蒸気タービンが故障したとか、燃料を輸送するパイプに穴が開いたとかで、突然停止する火力発電所のニュースが出ています。よれよれの火力ですから、仕方が無い。それでも、電力会社の従業員はメーカーの人たちと懸命に協力して、原子力の穴を埋めようと休みも取らず懸命に頑張っているのです。

もちろん、無理に政府が実行させている節電や省エネルギーの効果も在るだろうと思います。だが、あまりに張り切って節電したりすると、これまた大きな経済停滞の原因になります。私の長い間の専門的な経験に因れば、仮に日本国民が今までより十％節電したとしますと、わが国のＧＤＰが二％確実に減る勘定になります。二％は大きいですよ。現在四百七十兆円程度が日本人の稼ぐ付加価値ですが、その付加価値すなわちＧＤＰが約十兆円減るということです。もちろん、節電に対応して何か新たな産業が出てくれば別ですが、急激な変化は無理です。第三表には、それについても記してあります。

元に戻りますが、今述べたように、おそらく現に動かしている火力発電の二、三割は、正に四、五十年以上経っている、中には六、七十年も経っているいる火力も在りますが、それを止むなく動かしているのです。人間で言えば私のように後期高齢に達した超老朽火力なのです。

その老朽火力の修繕費は膨大になると思います。毎年益々膨らんでいくでしょう。さらに、原発が十五基も在る福井県などの復興費用や失業対策費も、当然考える必要が出てきます。

また、五十四基もの原発を廃棄するなどと宣言したため、今まで使っていた原発の核燃料などをどうするかと言う大問題が、先ほどから述べているように非常に気になります。しかも、これから核武装をしようとする国やテロ集団などが、密かに侵入侵略して来る可能性はとても高くなります。単に彼らが必要とするものは、モノだけでは在りません。ヒトも、ターゲットになります。専門技術者だけで無く、原発の運転運営のマネジメントや緊急事故時の対応などが即座に出来る人材が要ります。さらには、核物質の操作やデリバリーが出来る人が居なくては、モノを盗んでも役に立ちません。

そのための、こうした不特定不確実なテロ的な集団相手への、国防ないしリスク強化費用の増加など種々の副作用を本気で考えて行くと、おそらく上述の直接費用の三倍以上の余分なコストを覚悟せざるを得ないだろうと思います。

そうしたことを総合的に勘案すると、単に日本人のトラウマが昂じてなかなか原発が動かせないと言うことのために、大変な費用をわれわれはこれから、長い間に亘って間違いなく負担していかざるを得なくなります。

そんな、お金が何処に在るのでしょうか。脱原発を主張する野田総理大臣以下、多くの政治家を含めた識者の方々は、真剣に自らの主張を是非責任を持って確かめて頂きたいと思います。

それに、冒頭の「はじめ」に述べましたが、戦後六十年間の長い間に亘って、何十兆円もの膨大なお金を掛けて、《準国産資源》として育ててきた原発を全て廃棄するという方針です。これは、わが国においては有史以来初めてのことです。改革革新と言うことではなく、危険だから打ち壊し廃棄すると言うことです。そして、間違いなく膨大なコストの掛かる再生可能エネルギーに、代えると言うのです。ヨーロッパのドイツやスペインなどでは、十年後の今日、太陽光発電や風力発電などとてもコストが高く、不安定なエネルギー源に転換したことが大きな問題になっています。そうした実例を、どうしてもっと調べて慎重に対応しようとしないのでしょうか。

とにかく、私の計算では第三表の通り脱原発の年間経費は、二十八兆四千億円にもなりそうです。

これは、現在のわが国の国家予算一般会計の約三割、GDPの五％に匹敵する大変な金額です。そうなったら、EUの各国どころで無く、待ったなしで確かに十年間で日本は潰れるだろうと思います。

二〇三〇年すなわち十八年後には、このままでは古代文明の発祥国ギリシャ以上に大変な混乱が起きているか、或いはすでに何処かの国の属国に甘んじることに成っているかも知れません。

以上は私の見解であり試算ですが、同じような意見は原子力の専門家からも出ていますので、三つほどご紹介しておきます。

第一の事例は、京都大学大学院の藤井聡教授ですが、「原発が止まる《地獄》こそ直視せよ」として、代替電源の火力発電所の焚き増しだけでも「少なくとも年間三兆円」これが、国家の冨に深刻な打撃と成るとして次の各点を挙げています。

①電気料金の値上げで、産業の空洞化に拍車がかかり、長期デフレ、失業増大、結果自

第３表　原発をゼロにした場合、予想される総コスト一覧

— 全国の電気供給を想定 —

		内　　容	金 額／年	概　　要
電力会社の直接コスト	①発電自体	原発から化石燃料への転換コスト増分。	約３兆円	ＯＰＥＣ等の値上げなど需給逼迫で更に増える。
	②火力発電修繕費など	老朽火力が多いため、部品調達などで修理修繕と点検費用増大。	約５千億円	
	③新規化石燃料調達	対外的交渉、新規調達等のコストはかなり増大。	約１千億円	天然ガス、石炭、シエールガスなど
	④ＣＯ$_2$増対策	排出権等の購入経費増。	約１千億円	ＥＵ単価による
小　計			約３兆７千億円	
その他の間接的影響コスト	⑤シーレーン安全対策など	中東他からの輸入増へのセキュリティ対策費	約１千億円	政府、民間
	⑥原発市町村の産業雇用対策費	脱原発による地域産業、雇用対策助成コスト	約３兆円	政府、地方地域、民間など
	⑦原発市町村の税収入減	固定資産税、電源開発促進税、核燃料税などの減収マイナスコスト	約２兆円	あくまで推定
	⑧節電・省エネによる影響	100％節電（省エネ）に対し、ＧＤＰ▲2％を想定	約10兆円	同上
	⑨電力会社関連株価等の下落	電力会社のコスト増、燃料値上げ等の影響	約10兆円	株価など資産の下落
	⑩再生可能エネルギーの影響	固定価格買取制度による増コスト	約５千億円	
小　計			約25兆１千億円	
合　計			約28兆４千億円	

（注）本表は著者が本書全体の検討研究を通じて想定したもの。

殺者が増える。
②電気料金値上げ反対の批判が激しく起こり、電力会社はさまざまな改革を強いられるが、挙句の果ては供給システムが劣化し、停電増大で信頼できない国に転落する。
③石油などの輸入増大で少なくとも三兆円、相乗効果で年間十兆円のＧＤＰの縮小、数十万人の失業で、国民が死に追いやられる。〈産経新聞二〇一二年八月二日〉

第二の事例は、京都大学山名　元原子炉実験所教授の「原子力は《主権の基盤》と心得よ」と言う主張です。大きくは、次の三点を挙げています。
①最近のわが国の外交戦略の弱さに付け込んだロシア・韓国・中国の領土と云う国家主権侵害が起きているが、領土同様「エネルギー政策」が国家主権存立の根幹的基盤であること。
②原子力発電は、准国産電源であること。ウランをある程度確保出来れば原発のＫＷｈ当りコストは、火力発電とほぼ横ばい。但し、火力発電では燃費とＣＯ２対策費が七割以上であるが、原発は燃料費の割合が僅か約一割であり、準国産と言われるゆえんはここにある。
③火力発電は投入費用の七、八割が燃料代や排出権などで外国に支払うが、原発は費用

の大半が人件費と技術であり国内に支払われ、ＧＤＰに直接寄与すること。

こうした観点から、単に世論に迎合して脱原発の比率を追及するのは可笑しい。資源の無い国の、自給体制をという国家主権の基盤強化と言う観点から、原発の必要性を説いています。〈産経新聞二〇一二年八月二十三日〉

また第三の事例は外交評論家の岡本行夫氏の主張ですが、「大震災五百日によせて」と題する長い論文の中で、実に素晴らしいことを提案しておられる。二つだけ、ポイントを挙げておきます。〈産経新聞二〇一二年七月二十六日〉

① 原発は、国家エネルギー政策の基本として推進してきたもの。福島の被災地は、事業者の責任と言って片付く話で無く、国を挙げて救済すべし。二百五十万人の素晴らしいブラジリア市を四十一ヶ月・二兆円を掛けて立派に造ったブラジルのように、早々に復興予算で余った一兆円を即座に出して、新生フクシマを創ること。

③ 厚生労働省がこの四月「食品に含まれる放射性物質の安全基準を、今までも世界で最も厳しい五百ベクレルから、何と百ベクレルに下げることを決め実施した」ことは、厚生労働大臣の「日本の食品が如何に安全かを分かっていただき《風評被害》を防ぐため」と言う説明と裏腹に、風評被害を一層高めてしまっていること。

岡本氏の、日本人の「絆」の意識まで放射能の存在が破壊しつつあるとの論旨は、その通りだと思います。

だが、私はむしろ上述三人の方々の指摘は「早く原発事故のトラウマの原因を断ち切って行く勇気が無ければ、日本は駄目になるというとても凄い《警鐘》だと理解した次第です。

一つだけ私の意見を付け加えておくと、国民のみなさんは忘れておられると思いますが、わが国の場合《電気料金》だけはもう三十年以上も、実質的に値上げされていないということです。

もちろん、急激に日本に輸入する石油価格が変動した場合にのみ、その変動幅で電気料金が調整はされては居ります。しかし、三十九年前のオイルショックで大幅に値上げされたことはありましたが、その後少なくとも三十年間の間に、逆に五回に亘って値下げされました。

このため、オイルショック時の電気料金水準の半分程度まで引き下げられているのです。そうしたことが出来たのは、正に電気料金を下げられるほど安定的かつ低コストの原発を、大量に建設し原発の電気を国民の生活や産業活動に供給できたからです。もちろん、その間日本の高度成長に伴って、為替レートが円高となり輸入価格が実質的に低下したと言うこともあります。

しかし他の公共料金は、例えば新聞・テレビ（ＮＨＫ）・水道・ガス・ガソリン・灯油・鉄道・航空運賃・タクシー・米価・牛乳・郵便など、全て値上げされて居ります。唯一電気料金だけが据え置かれたのは、原発が導入されたからだったと言うことを忘れてはなりません。

今や、電気が無ければ生活さえ成り立たない世の中です。冷蔵庫・水道・エレベーター、二十四時間営業のコンビニエンスストア、家屋やホテルなどの安全セキュリティー、鉄道、信号機、あらゆる病院の重要な機器、それにトイレまで電気が停まればお手上げです、

考えて見ると、この四十年間に亘って安定的かつ信頼度の高い、原発を中心とした電気の供給生産がわが国に在ったからです。それが、冒頭に私の妻が述べた四割の原発が生産する電気の話だったのです。

繰り返しになりますが、そのことで日本国民の生活とその基本である企業活動が、グローバルな国際競争の中で何とか成り立ってきたわけです。その基本に、上述のように原発

が在るあることを忘れては、無資源国日本は成り立たないのです。

2・トラウマに敏感な日本国家の特性
―《天》の差配に影響され易い日本人

それにも関わらず今回、日本人が異常なほど原発事故のトラウマに嵌《はま》り込んだ理由は、一体何だろうかと考えて見ました。

もちろんそれは、六十七年前の戦争終結に向けて投下された広島・長崎の原爆による犠牲が在ります。何十万人もの可愛そうな犠牲者の直接原因は、大半強烈な熱と風圧によるものと分析結果が出て居ますが、しかし私共は戦後長い間に亘って、放射能によるものと考えられ、そう思い込まされてきたことも一つの大きな原因だと思います。

その後のビキニ環礁での水爆実験による第五福竜丸事件、米国のスリーマイル発電所の原発事故、同じく運転中に事故を起こし原子炉が爆発したチェルノブイリ原発事故、東海村の濃縮ウラン臨界事故などがあり、全て「原発は危ないもの、怖いもの」という意識が、私たち日本人の心の中に蓄積されていきました。

それを、マスメディアが集中的に取り上げ、国民の意識に繰り返し刷り込んでいきました。遂に、政治家が「原発推進」をまともに打ち出せば、選挙に勝てないので主張も出来ないという雰囲気に成ってしまったのです。

だから、高濃度廃棄物の最終処分の場所を約束さえ出来ないという、全く困った状況と成ったのです。電力会社は事業者として、原発のサイクルを回し資源の無いわが国の貴重なエネルギーが、原発の推進だという国家目標を、主体的に捉えて懸命に進めて来つつ在ったのです。

それが、福島事故の強烈なトラウマ出現で、一層厳しい状況に追いやられていると言う状況です。

だがこうしたことの他に、日本人の異常さに何か在る筈だと考えて見ました。

私は、昨年三月に出した拙著「3・11《なゐ》にめげず」の中で、日本人の伝統は「天からの拝受社会」と言う組織の仕組みで、二千年間変わらず成り立って来たと紹介しました。そしてその伝統は、日本国家である以上は変わることなく受け継がれていくと述べております。（同書七十四〜八十七頁）

この拝受社会という伝統が、トラウマに掛かり易い日本人の性格と大いに関連しているように思われます。

すなわち、一言で言えば「天」を《象徴》として敬うと言う習性が、影響しているのです。リーダーが方向性を示すと、日本人は集団的にそれに従うことを本能的にＤＮＡの中に受け継がれていると言うことです。

最近藤井　聡と中野剛志と言う気鋭の学者の方が「日本破滅論」（文春新書）と言う本の中で、ドイツの哲学者エルンスト・カッシーラが述べている「人間は象徴を操る動物」だという言葉を引用しながら、次のようなことを語っています。

わが国の天皇陛下も、わざわざわが国のシンボルである米（こめ）について、瑞穂の国の田植えという《組織的秩序》を重要視した儀式をされる。要するに日本人の象徴すなわち「シンボル」としての《天》である天皇陛下も、陛下自身シンボルを組織のトップである天として追及して居られる、そこが大変重要だと述べています。（同書四十六〜四十七頁）

だから、日本人にとって国家組織行政のリーダーである総理大臣の行動は、良し悪しよりも一つのシンボル的な行動として、重要視されざるを得ないのです。

こうした前提で、今回の３・11のトラウマの深さを順次追って見ますと、概ね次のようになるのではないでしょうか。

【トラウマ前兆】政治のトップである総理大臣が、二万人以上亡くなっているかも知れないと言う状況下、それよりも建物は無事だがどうなっているか心配だと、原発に自ら視察に行った。

↓

トップ行動の重さ（全国民と世界のマスメディアの関心が原発へ）

【トラウマ現実化】その直後建物水素爆発、放射性物質が屋外に漏れた可能性ありとの報道で、地方のトップリーダー茨城県知事が農産物出荷停止措置宣言

↓

放射性物質が住民の周りに生じたとの不安が一挙に風評拡大

↓

突然影響しているとは、とても思えない東京都内で放射性物質騒ぎが起き、小学校のプールの水が1ミリシーベルト以上だったので、使用禁止など風評被害拡大

政府も国会も、そしてマスメディアも、それらを受け国民全体が
↓
「東電は悪者」とレッテルを貼る
↓
悪者は、全電力会社へと広がる
↓
放射性物質を持つ全ての原子力発電所を停止すべし
↓
脱原発、再生可能エネルギー開発

このようなことで、トラウマが定着してしまったと言う状況です。

こうしたことの深層に、先ほど触れたシンボルとしての「天の差配」と言う日本社会組織の特殊な実態が、日本人のトラウマを異常に強くしていると思われます。

では、日本人はどうしたらこのトラウマに嵌り込んだ状態から、開放することが出来るのでしょうか。

第二節　3・11のトラウマから、どうしたら開放出来るか

3・11と言っても、この場合は福島原発事故に関連したことを中心に考えていきますが、日本人の習性と言う点では共通したことだと言えるでしょう。

前節に述べましたように、有史以来わが国は「天」と言うシンボルを維持することで、組織的に成り立ってきた訳ですから、3・11のトラウマ解消も基本的にはそこに掛かっていると思います。

もちろん、そのための条件整備は極めて重要です。

第一には、何と言っても政治のトップの覚悟を示すことであると思います。先ほども述べましたが、こんな日本の歴史に最悪の汚点を遺しかねない原発打ち壊しを、止めると言う覚悟を総理大臣が明言することだと思います。

第二には、そのためにこれも明確に、日本人が安心する放射線量についての種類別基準を示すことです。

日本の基準が、とても厳しくなっているのは異常です。同時に現在の基準を緩めると言うことが、決して健康被害には当らないことを政府が十二分に説明する必要があります。

オリンピックを応援に行った時は、平気で日本より基準の緩い放射線量を含んだ空気を吸い、食事を美味しく食べていたのに、日本に帰ってくると途端に厳しい基準に制限されるというのは、どう考えても日本人の論理矛盾ではないでしょうか。

第三には、原子力発電所がわが国から無くなると言うことの重大さを、是非福島の被害を受けた方々も含めて理解して貰うように、これまた政府が責任を持って、懸命に努力することが極めて大切です。

福島の方々の苦しみは、痛いほど分かります。しかし、だから脱原発と他の地域の方々に押し付けてはいけません。いろいろなとても貴重な、生身のご経験が在ったと思います。むしろ、そうした苦しみの経験を伝承し、他の地域の方々にそれを乗り越える工夫を教えて頂きたいと思います。これが、正しいシンボルである政府の役割です。

特に、私が述べて置きたいのは報道機関、特にマスメディアの中でも、公共機関と考えられ政府の代弁者と言われても可笑しくない、ＮＨＫテレビ放送の重要性です。「職業としての政治」を書いたマックス・ウェーバーは、「政治家とは、政治学者や政治記者を含む集団」という主旨のことを述べています。（岩波文庫）

高度情報化社会の中で、正に世論形成に非常に大きな影響力のあるＮＨＫの「テレビ映像」報道は、政府の代弁者と言うぐらいの認識で、責任を持って国民のトラウマ脱出に、賢明に貢献する必要があります。

以下、こうした三点を中心に、どうしたらトラウマ解消に結び付くかを述べてみます。


1・政府の脱原発（原発打ち壊し）撤回宣言が先ず必要

現在の民主党政権は、「脱原発依存」と言う巧妙な言葉を使って、限りなくしかも出来るだけ早く二〇三〇年を目途に数字を固め、この国から原子力発電所を将来一掃しようと言う、とんでもない政策を閣議決定しております。八月二十七日のNHKテレビの番組に登場した野田佳彦総理大臣が、はっきり「限りなく原発をゼロにしていく方針だ」と述べておりました。

しかし、この現政権の方針は国民の代表である国会で、議決されたものではありません。そうではなく、民主党政権と幾つかの野党がそういう脱原発の方針を主張していますが、国民の声ではないはずです。

ところが、民主党政権はこの脱原発方針の基に、国民世論を求める公聴会まで開き、十八年後の二〇三〇年すなわち平成四十二年はゼロにするか、十五％ぐらいに減らすか、二十五％ぐらいは未だ必要かなどと意見を聞くことまでしております。

もう初めから原発は、将来的に必要ないと言う答えが出ている会合だから、大勢の方がすでに「序章」で述べた通り参加しませんでした。

そこでは、《原発ゼロ》とは、とても恐ろしいことを平気で決めようとしていると言う、このことの重大性が全く説明されていないのです。そこに、大変大きな問題があるのです。

もし今まで実質六十年間に亘って、無資源国だからこそ「準国産エネルギー資源」として、概ね五十兆円もの資金を投じて大切に育ててきた、全国に展開する原子力発電所五十四基（四千八百万ＫＷ）を廃棄するとは、一体どういうことだか分かっているのでしょうか。これは、完全な打ち壊し運動だとしか考えられません。

打ち壊してしまったら、他のものと違ってそれこそ日本国中に、広大な五十四箇所の幽霊屋敷を造ることになるのです。

賢明な総理大臣なら、こうした具体的な姿になることをはっきりと示して、是非撤回宣言をして頂きたい。そうでないと、本当にこの国が無くなってしまいます。

有史以来、日本人が折角賢明に育て、そして造ったものを閣議決定して《打ち壊す》などということを、遺ったことはありません。もちろん、古いものを作り変えたりしたことはあります。

だが原子力に代わって作り変えようとするものは、太陽光・風力・波力・水力・地熱・バイオと言うような、いわゆる再生可能エネルギーです。確かにこれらは、環境問題を考慮しかつ事故による放射性物質の危険性が無い大切なエネルギー源です。もちろん、諸外国の事例から判断しても上述の中で、メインは風力と太陽光でしょう。

ところが、これらの再生可能エネルギーには、少なくとも三つの大きな課題がありまます。

一つは、出力（KW）は極めて小さいことです。

現在の原子力発電所五十四基四千八百万KWに、匹敵するものを造ろうとすれば、おそらく風力や太陽光のパネルのために、何十倍もの土地が必要になるでしょう。わが国の景観は、一体どうなるでしょうか。

第二図は、原子力発電所と太陽光発電所および風力発電所との、同じKWを得るための必要な面積の違いを示したものです。今のところ、普及拡大だけが述べられていますが、これだけの面積の維持管理には相当な費用が掛かります。政府が決めた、再生可能エネル

ギーの全量買取り制度のコスト、すなわち電気料金への加算が、こうした維持管理費でどんどん膨らんでいくことを、国民のみなさんは考える必要があります。

二つは、稼働率が非常に低いと言うことです。

年間平均で風力はせいぜい二十%、太陽光は十五%程度と言われています。これに対し、原子力発電は、少なくとも七十%以上です。巧く運用すれば、フランスやアメリカのように、九十%の運用も可能です。この違いは、とても比較にならないぐらい大きいのです。

現在総合資源エネルギー調査会・基本問題委員会が作った将来のエネルギー政策では、現在三六二万KWの太陽光発電を、十八年後の二〇三〇年度には五千三百万KWと、約十六倍に増やす計画です。とても、信じられない数字です。

第二図を見てください。全ての家の屋根には、太陽光パネルを張るとか、メガソーラ発電所を全国の耕作放棄地や炭鉱の跡地などに作るとか、本当に出来るかなと言う疑問が湧いてきます。しかし仮にこの十六倍もの発電設備すなわちKWだけを比較すると、五千三百万KWですから十八年後には原子力五十四基合計の四千八百万KWを超えます。

しかし、問題は上述のように稼働率が低いため、五千三百万KWを全部動かしても、年間の生産量であるＫＷｈは五六一億ＫＷｈしかなりません。

これは、最新型百三十万ＫＷの原子力発電所のせいぜい、四基分程度の生産量に過ぎません。

三つは、コストがとても高くなるということです。その負担は、当然消費者である国民の生活費の高騰となって跳ね返ってきます。

この問題は、後ほど第二章で詳しく取り上げますが、一言で言えば元々生産設備の稼働率が十五％とか二十％と言うような状態では、仮にこれが企業の経営だったら、考えるまでも無く成り立たないと言うことです。

私の長年の経験では、生産設備の稼働率が五十％を切ると、人件費やサービスコストが高い日本の企業経営は、成り立たなくなります。稼働率が六十％を越すと、漸く利益も確保出来る状態です。

無資源国のわが国が、稼働率が七十％以上に維持できる原子力発電所を、大災害があったから、放射性物質が排出したから危ないと言うだけで、福島とは地形も立地条件も全く異なる全国の原子力発電所を、将来無くすと言う前提で簡単に何故急いで、閉鎖し「打ち壊した」と同じようなとんでもないことを、現政権は決めたのでしょうか。

全く可笑しいと思うなら、是非早く総理大臣は政府の代表として、脱原発方針を撤回することを、国民に向かって明確に宣言すべきです。このことが、先ず拝受社会のわが国の場合、国民が3・11からのトラウマから脱出するための第一条件です。

2・日本の放射線量許容基準値をグローバル化し、安心水準を明言

国民のトラウマ脱出のためには、最も関心の高い放射性物質の許容基準を、何としても世界各国の普通の水準にグローバル化し、同時に放射性物質とは私たち人間にとって欠くことの出来ない、重要なものであることを徹底的にみんなが納得するまで説明する必要があります。

その上で、限度を超す放射性物質の危険性が、どう言う状況で生じるのか。その影響は、具体的にどのように考えたらよいのか。こうした、丁寧な説明ないし国民への教育指導がとても重要です。

第三章で改めて放射性物質とは何か、その具体的捕らえ方を徹底的に究明することにしますが、ここでは次の二つのことをわかり易く説明しておきます。国民がトラウマから脱出するためには、以下のような二つのことを政府が責任を持って明確に示さなければ、

第２図　原子力発電所、太陽光発電所、風力発電所別の必要面積の比較

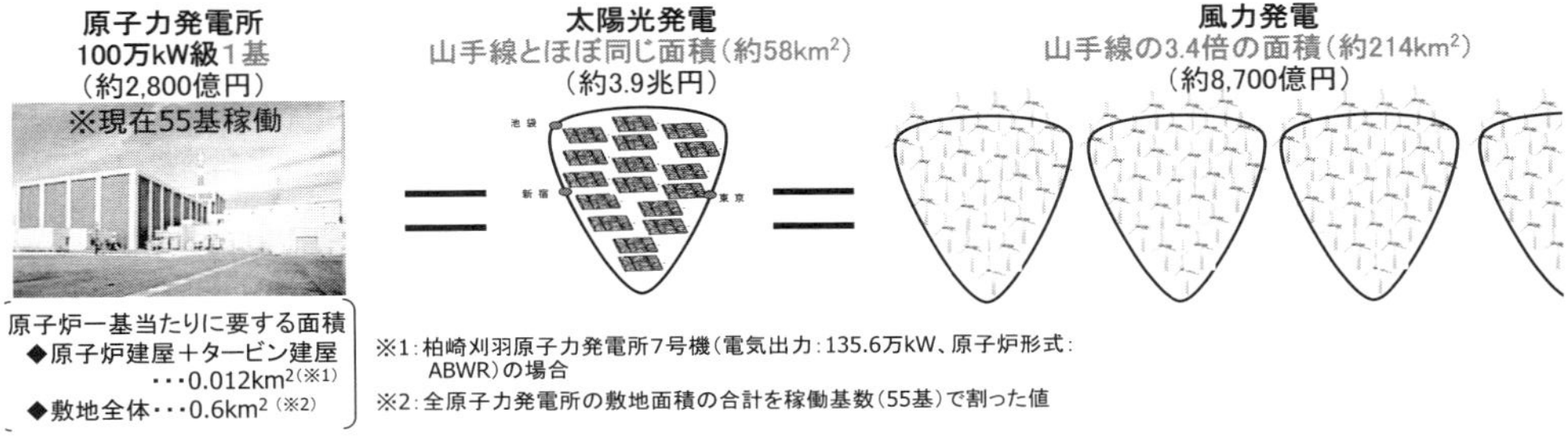

※1：柏崎刈羽原子力発電所7号機（電気出力：135.6万kW、原子炉形式：ABWR）の場合

※2：全原子力発電所の敷地面積の合計を稼働基数（55基）で割った値

出典：第１回低炭素電力供給システム研究会（経済産業省 2008年7月）

※火力発電所の必要面積の一般的なデータはないため、原子力、太陽光、風力の面積比較を記載

第３図　原子力発電所、太陽光発電所、風力発電所別の発電設備と発電量の比較

原子力発電、太陽光発電、風力発電の比較

		太陽光発電	風力発電	原子力発電
100万kW原子力発電１基の年間発電量を生み出すのに必要な相当量	年間発電量	約70億kWh（設備容量100万kW×8,760時間×設備利用率80%）		
	設備容量（設備利用率）	約665万kW (12%)	約400万kW (20%)	約100万kW (80%)

出典：第１回低炭素電力供給システム研究会（経済産業省2008年7月）

「拝受社会」であるわが国の国民は安心しません。

日本と言う拝受社会には、信頼できる《シンボル》が無くては成り立たないのです。その国民が安心出来るシンボルとは、国家の代表である総理大臣とその下での政府なのです。

①人類は放射線と共存してきたとの認識の癖《くせ》を付けること

先ずそのシンボルを導くために、人間は放射線を出す放射性物質のジャングルの中で、人類誕生以来生き続けてきたと言うことを、明確に理解することがとても重要です。すなわち、私たち日本人の《シンボル》を導き出すには、宇宙の原理を知る必要性があると言うことです。それを、誰でもわかるように説明する必要があります。

現在日本人が「放射性物質」とか「放射線」さらには「放射能」と言う言葉を聞いただけで→《福島原発事故》と連想し恐怖症になる状況は、間違いなく日本国民の《シンボル》の代理人である政治のトップすなわち総理大臣が、3・11発生の直後に現地に飛び込み、《原発は怖い》と言う印象を、自らのパホーマンスで積極的に示したからです。

マックス・ウェーバーは「職業としての政治」と言う論文の中で、立憲国家が出来た十九世紀末の状況を指して、『当時はジャーナリストだけが有給の職業政治家であり、新聞経営だけが—また、それと並んで会期中の議会だけが—継続的な政治経営だった』と述べています。（同書岩波文庫五十一～五十二頁）正に、元々ジャーナリストは政治家だということです。

このマックス・ウェーバーの解釈を当てはめれば、NHKをはじめ報道各社が政治活動者となって、それを映像にしてめちゃくちゃに増幅しながら、これでもかこれでもかと言わんばかりに、国内はもちろん世界中に流した行為は、正に日本の政治をそのまま代弁したと言われても仕方がありません。

したがって、「放射性物質」と言うものの本質について、国民が改めて理解するには、宇宙と地球それに人類誕生の原点に立ち返って、放射性物質との関係をきちんと理解することが先ず必要になります。

今から百五十億年前、宇宙が爆発して私共の太陽を中心とした惑星群が、四十六億年前銀河系の片隅に誕生した時、専門家の説明によりますと、そこは強烈な放射性物質が渦巻くどろどろの渦の海がただ漂っていただけだったようです。

それから何億年かが経ち、漸く銀河系が収まり掛けて、地球に強烈な磁場が現れて放射性物質の原子がぶつかり合いながら急速に分散を続け、窒素・水素・酸素というような元素が誕生すると、初めて放射線の作用により突然変異が生じて、生き物の形が生まれたと言われます。

水や海が誕生し、これまた放射線の作用で突然変異により、チンパンジーなどとは別種の人類の元祖が誕生するのが約五百万年前と言われます。だから、大変重要なことは、人類誕生の五百万年前の地球は、現在のおそらく何百倍かの放射性物質が飛び交っていたに違いありません。ジャレド・ダイヤモンドによれば、人類の文明が始まるのは一万三千年前頃であり、その頃の地球はかなり放射線量の強さが減ったとはいえ、地上の自然放射線量は、現在の何倍にもなっていたのではないでしょうか。

私たち人間は、放射線の助けが無ければ、今日のような姿に生まれて来なかったことを、それこそしっかり日本国民は認識して貰いたいと思います。

放射線の話をする時、よく「半減期」と言う言葉が出て来ることがあります。

もちろん、放射性物質の種類によって半減期は、第四表に例示したように異なりますが、地球上の放射線量が、急速に半減し低下して行ったことは間違いないでしょう。さらに太陽の引力と重力や磁力線の作用で、放射性物質は高度一千ｋｍから六万ｋｍに存在するバン・アレン帯と称する陽子と電子の強烈な放射線の輪となって、地球を取り巻く状態になったことで、地上の放射線量が急激に減ったとも言われております。

ご存知でしょうか。私たちが、地球の神秘だと言って美しく眺めている、オーロラの正体が、今述べたバン・アレン帯と言う放射能の帯の一部なのです。

世の中は、これからは宇宙時代と言われます。宇宙は、放射線の海なのです。私たち人類は、これから如何に放射線と共存していくかを、むしろ前向きに賢明に学ぶことこそ必要です。

放射性物質について研究している専門家は、昔の人はよくも賢明に生きてきたなと言います。すなわち、今でこそ科学が発達して何ベクレルとか何ミリシーベルトとか、正確に放射線の容量や人体への影響度合いが分かるようになってきましたが、私たち人類の祖先の人たちは、現在よりもおそらく何倍もの放射線を浴びて、よく力強く生き残ってきたなと言うことです。

別の見方をすれば、私たちの体は遺伝的に相当な放射性物質の濃度に、耐え得る能力を備えているということです。その証明も、きちんと成されております。

（大朏博善著「放射線の話」ワック㈱七十頁、近藤宗平著「人は放射線になぜ弱い」講談

第４表　放射性物質の半減期

放射性物質	放出される放射線※	半減期
トリウム232	α・β・γ	141億年
ウラン238	α・β・γ	45億年
カリウム40	β・γ	13億年
プルトニウム239	α・γ	2.4万年
炭素14	β	5,730年
ラジウム226	α・γ	1,600年
セシウム137	β・γ	30年
ストロンチウム90	β	28.7年
コバルト60	β・γ	5.3年
セシウム134	β・γ	2.1年
ヨウ素131	β・γ	8日
ラドン222	α・γ	3.8日
ナトリウム24	β・γ	15時間

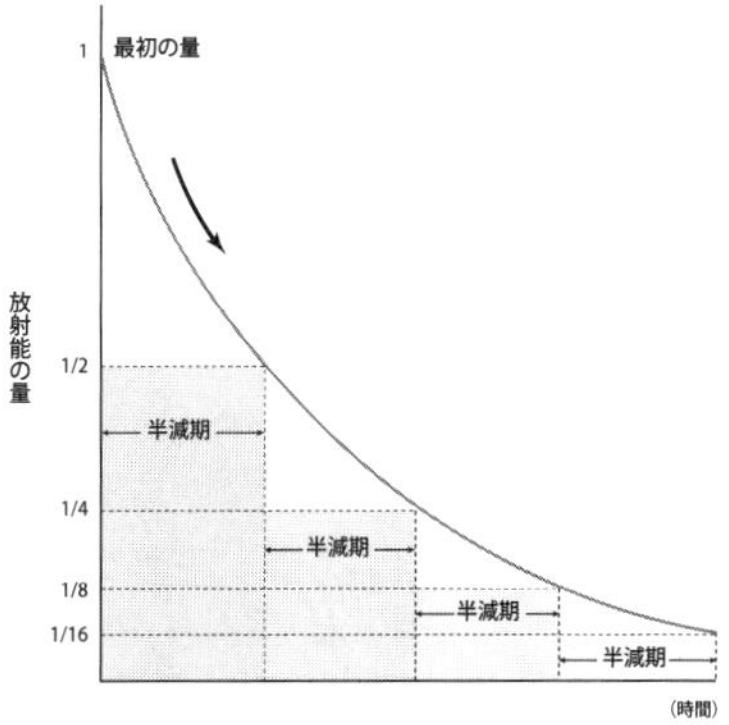

※壊変生成物（原子核が放射線を出して別の原子核になったもの）からの放射線も含む

社九十二頁以下など参照）

②放射線量許容基準の国際化を早急に実施

第二は、わが国の飲料水や食品等の放射性線量許容基準を国際水準に合わせることです。

日本の超厳しい基準値をグローバルな世界基準値に緩和することが、どうしても必要です。

これから日本人は、企業も個人もどんどん海外に出て行き、また外国からも日本に遣って来る時代に、放射線量の許容基準がわが国だけ厳しいと言うのは、大いに問題ではないでしょうか。

例えば、アメリカに子供が留学したとか、転勤で一家揃って移住したとしましょう。すると、少なくとも数年間はアメリカが定めた、放射性物質の許容基準値の下で生活し活動しなければなりません。個人の力で、日本と同じ基準にしろとは絶対に要請できません。

アメリカは、例えば食品に関する放射線量の年間許容基準値は、飲料水が千二百ベクレルです。ところが、日本は現在十ベクレルに引き下げられております。アメリカは、日本の百二十倍も緩いのです。牛乳は日本が五十ベクレルで、アメリカ千二百ベクレル（アメリカ二十四倍）、また野菜も日本百ベクレルに対してアメリカ千二百ベクレル（アメリカ十二倍）と云う具合です。

そういう状況に成っているのに、日本人は誰一人文句を言いません。しかるに、日本に住んでいた時は、プールの水が一ミリシーベルト以下で無いと子供は泳がせないと言われる。しかし、アメリカの学校に子供が転校して、学校のプールの水が、仮に日本の百二十倍もの放射線量濃度だから、「うちの子供は泳がせない」と言われますか。

そんなことは、言われないと思います。よく考えてみてください。やはり日本の放射線量の許容基準を、むしろアメリカと言うより国際基準に合わせないと、これから日本人は生きていけないのです。特に、これから日本を背負っていく若者のために極めて重要なことではないでしょうか。

総理大臣が率先して、内閣を指揮し政府の方針として、明確に放射性物質の放射線量許容基準を国際水準に引き上げ、同時に安心して日本人がグローバルな活動が出来るようにしたと明言すべきでしょう。

参考までに、分かる範囲で世界各国の放射性物質についての許容基準値は、冒頭の「序章」の中で示した第三表または、第三章の第二十一図を参考にして貰いたいと思います。わが国が、如何に異常かがお分かりいただけると考えます。

第三節　トラウマが空虚にした無資源国日本の基本戦略

3・11の原子力発電所の被害は、確かに多くの方々が指摘するとおり、原子力発電を推進する日本政府と電力やメーカーなどの企業、および関係する学者集団の《油断》だったと言えます。全電源喪失は在り得ないという、ほんの小さなヒト針の油断が、巨大な事故を引き起こしました。

しかし、この事件が決してわが国の国家存立の基本方針と、それに基づく電力会社経営指針に誤りがあったと云うことでは、決して無いことを先ず断言して置きたいと思います。

大前研一氏が指摘する通り、今回の油断の基は「住民の説得しか考えなかった原子力関係者の傲慢」と言えるでしょう。（大前研一著「原発再稼動《最後の条件》」小学館百六十二頁以下）そうではなく関係者が、「説得すべきは神様だ」（前掲書）と述べています。同氏が指摘する神様とは何か。

それは、今回の東日本大震災のという千年に一度と言われるような、「人知を超えたどんな事態が起きても、電源と冷却源だけは維持できるよう、慢心することなく努力し続けること」（同前掲書）であり、これが神様の教えだと言うことです。

しかし、地域住民の方の説得から約二十年、建設から完成して運転開始までさらに十年、合計三十年間の年月を掛けて人と技術の粋を駆使して、完成するのが原子力発電所です。もちろん、何千億円ものコストが使われ、地域社会の大きな雇用と発展に貢献しているわけです。それが、関係者の傲慢な油断で、神様を説得できずに失敗したのです。

この失敗が原因で、日本人全員がそのトラウマ（精神的外傷）に拘り、全てを「打ち壊す」ことをしては、無資源国日本の息の根を止めるようなものだと思われませんか。

先ほどの大前氏も述べているように、原子炉も電気事業も、もっと進化出来るしまた進化していくために、今回の失敗を乗り越えトラウマを解消する努力が必要です。

そのために、以下少し的（マト）を絞って、トラウマが無資源国日本のエネルギー政策という国家の基本戦略を、如何に蝕《むしば》み空洞化させつつ在るかを説明して診たいと思います。

1・脱原発「二〇三〇年ゼロ」の無節操なシナリオの中味

序章で述べましたが、私が出席した八月四日の福岡で開催された「環境とエネルギーに関する市民公聴会」の場で、政府が配布した資料があります。

それを基に、例えば二〇三〇年すなわち十八年後に、「原発ゼロ」と言うシナリオを実現させるには、一体どういうことを国民と企業に求めているのか。

具体的に分かり易く述べますと、次のようなとんでもないことが求められているのです。

＊原発ゼロの基本政策→十八年間で「省エネルギー」と「再生可能エネルギー」を中心に、全体の三十五％をカバーする。

〔主な具体策〕

①省エネルギー性能に劣る住宅・ビルの新規賃貸借を制限する

【課題】当然、二重窓や太陽光発電パネルなどを付けた、新規の住宅を建てさせることになる→その負担に膨大な費用必要

②太陽光発電住宅を一二〇〇万戸設置する。設置不可能な住宅は強制的に改修させる。

【課題】膨大な初期投資に、平均百万円（住宅改修を伴う場合は数百万円に膨らむ）→少なくとも合計十兆円以上を何処から捻出するか。
③風力発電の設置を、約二千五百平方ｋｍ（東京都の面積の二倍以上）にする。
【課題】設置場所の確保が出来るのか。出来たとしても、景観・騒音・安全確保などが大問題となる。
④省エネルギーに向いていない空調設備の義務付けをする。
【課題】この場合ももちろん、個別に少なくとも数十万円のコストが掛かるが、その負担を誰が行うか。
⑤ストーブなど、高効率でない暖房機器の販売禁止
【課題】すでに受注し、生産ラインに乗ったものを中止させるとすれば、当然その事業補償が必要となる。
⑥重油ボイラーの原則禁止
【課題】使用状態によっては、企業の場合など新規の転換物への投資資金の補填が必要となる。国が当然補填する必要が出て来る。

⑦都市中心市街地へのガソリン車乗り入れ禁止
【課題】交通規制のための制度改正と取り締まり規制に対する公共機関の負担増が出て来る。
⑧電気料金の負担増
【課題】再生可能エネルギーの全量固定価格買取制度（フイード・イン・タリフ）によって、現在毎月一万円の電気料金を支払っている家庭の支払額が、十年後には約三倍の三万円になる。

その他、脱原発のために十八年間に、再生可能エネルギー資源が完成するまで代替する火力発電所の化石燃料代や、老朽火力の修繕費および、CO2の増加に伴う排出権など、負担増を含めると、家庭や企業の電気料金負担増は、さらに数倍に膨らむ。

私の試算では、現在の月一万円負担の家庭は、おそらく十八年後には十万円を突破すると思われる。

このように、原発の打ち壊しは、とても国民が負担できない程の大きな問題であることを、是非認識して頂きたいと思います。

2・トラウマから抜け出す政治の決断

このように脱原発と云う打ち壊しは、とんでもない、とても実行不可能な多くの課題を抱えております。

元々無資源国の日本は、六十七年前の第二次世界大戦で資源争奪戦争に敗れ一体どうするか大変だったのです。食料も途絶え餓死者が出る始末でしたが、日本を占領したアメリカに実質的に助けられました。

アメリカの斡旋も在ってアラビア石油と言う会社まで作り、国産資源の確保に力を入れましたが、結局は中東から安い石油を大量に輸入することで、ご存知の通りわが国は高度成長を成し遂げたのです。

このようにしてわが国は、エネルギー資源が安くしかも安定的に手に入り、電気を豊富に安心して生産供給できることが、人と技術とマネジメントを投入し近代的工業生産を可能にするための、重要な基本的要素でした。

それを日本国民と企業が、追及出来たのです。この基本を、政治家をはじめリーダーのみなさん思い出してください。

何故かと言えば、こうした経済発展の基本条件である安く安定的な《石油》というエネルギー資源が、三十九年前のオイルショックを契機に本格化した新興国の経済成長という歴史的な発展の中で、「安くない不安定な資源」に突然変化をしたのです。このため、それに代わる最も有効かつ必要な代替資源として導入されたのが、《原子力》だったと言うことを忘れてはなりません。それがその後の、わが国のエネルギー安定確保の基本戦略なのです。

この方針が変わったと言う考えが、大手を振って出て来ておりますが、正に無資源国日本の基本戦略を忘却した勘違いの考えです。そうした安易な意見に騙されてはなりません。

再度述べますが、原子力発電所の建設推進は、日本国家のエネルギー政策の基本として勧められてきたものです。しかも無資源国日本の準国産資源と言う一種の《シンボル》として、低コストであるべき電力エネルギー安定確保を支えて来たものです。

福島第一原子力発電所の重大な事故が在ったけれども、国を一個の大きな経営体と看做せば、今もこの巨大な一億人以上を抱える無資源国では、資源エネルギーは原子力発電が主体で無いと経営は成り立たないと言うのが、わが国の基本戦略なのです。この国家政策の基本は、いささかも変わっておりません。

そうした、歴史的事実を全く無視して、次のように主張する人たちが居ります。

原子力村とそれを操る資本家が、お金儲けのために原子力発電を導入した。今年の夏を考えてみよ。節電や省エネルギー活動もしたけれども、原子力発電所が殆ど全部停まっていても、停電なんて起きないではないか。元々余計なものを作るから、今になってみんなが迷惑する放射能を撒き散らしている状態である。早く原発はゼロにすべし。そして長い日本列島の特色を生かして、太陽光や風力や水力地熱等をドイツなどのように、どんどん造りましょう。電気をみなさん、電力会社に頼らず自分たちみんなで造りましょう・・・

このように息巻き、デモ行進をしたり、国会議事堂の前で騒いだりしています。

つい二年前に、わが国の原発を十年後には、さらに十基一千万ＫＷを新設し、電力エネルギーの五十％を原発にすると主張した元総理大臣が、デモの先頭に立って脱原発を叫んでいるとは、呆れてモノが言えません。

二〇三〇年原発ゼロとは、一体どう言う光景か考えて見て下さい。無資源国日本列島の五十四ヶ所が、これから十八年間にそれこそ反原発者の打ち壊しに遭って、無残に廃墟と化す姿を想像して見て下さい。

そんな日本に成っても、本当に良いのですか。

かつて、二十世紀初頭に活躍したアメリカの著名なジャーナリスト、ウォールター・リップマンが「世論」と題する著作の中で、同時代に活躍したイギリスの歴史小説家G・H・ウエルズの言葉を引用しながら、次のようなことを述べております。

『木材に代わって新たに発見された石炭は、人類の新たなエネルギー源として益々活用されているが、やがてそれが乏しくなった時、何か新たな新資源が発見されない限り、産業の将来は無いだろう』（W・リップマン著「世論」上百九十三頁以降　岩波文庫）

原子力発電のエネルギー源であるウランを用いた核燃料は、人類が石炭の次に発見した石油・天然ガスと言う化石燃料の、さらにその先に新たに発見した貴重な資源です。リップマンやウエルズが言うとおり、ウランの平和利用こそ、人類にとって次の時代への新たな足掛かりと考えるべきです。

新たな時代とは、次に述べる人類の宇宙時代を指しております。

トラウマを脱し、あの福島の痛ましい災害を乗り越えて、原発を活かすことをしないと日本列島には本当の春は来ないのです。

東北地方一体の大災害を乗り越えて、正に《なゐ》にめげず進まなければ、新たな日本は再生出来ないのです。

それには、政治家たちの明確な意思表示、すなわち脱原発は「日本の打ち壊し」になるから止めようと言う決意が必要です。もしも、総選挙の争点に脱原発を持ち出し、安易に世論に迎合しようとする政治家が居るとすれば、そういう方々は、後の歴史に残る日本国を打ち壊す役割をした許し難い人物だと、言われても仕方が無いでしょう。

何としても、今政治の決断が問われていると思います。

3・宇宙時代を生きるという覚悟がトラウマ解消の秘訣

私たちに取って、ロンドンオリンピックのメダリストもヒーローであり憧れの的（マト）かも知れません。しかし、本当の意味で新たな宇宙時代に入った二十一世紀のヒーローは、スペースシャトルをはじめ宇宙に飛び立った、宇宙飛行士の方々ではないでしょうか。体力知力共に優れた素質を持ち、かつ自らが人類の先頭に立ち新たな時代を開くのだと言う決意に燃えて、未知の世界を目指している姿はとても頼もしい限りです。

しかし、この宇宙飛行士たちにとって、大きな覚悟がもう一つあるのです。それは、地球を離れて宇宙に飛び立った瞬間から、私たちが地上に居る時の何十倍何百倍の、しかも無数の放射線を浴びると言う事実です。

〔例示〕

アメリカのスペースシャトルに乗って私が、七日間（一週間）宇宙旅行をしたとする。

↓旅行を終えて帰って来た私が、僅か七日間の間に受ける放射線量

←

地上で受ける七日間の自然放射線量（〇・〇四〜〇・〇五ミリシーベルト）の約十倍〜百倍（〇・五〜五ミリシーベルト）の数値になる。

←

これは、地上にいる私たちが自然に受けている内部被曝と外部被曝の合計年間被曝量（二・四ミリシーベルト）の最大で約二倍の放射線を、僅か七日間で受けて還ってくることになるのです。

〈注〉数字は国連科学委員会報告による世界平均値

現在宇宙に滞在している国際宇宙ステーション（ＩＳＳ）には、日本人の星出彰彦さんが滞在しており、故障しているＩＳＳの電源切り替え装置の交換をするため、船外に出て

作業していると言うニュースがテレビの画像で世界中に伝えられました。（二〇一二年八月三十日）

日本人の国際宇宙ステーション滞在者は、一九九七年の土井隆雄さん、二〇〇五年の野口聡一さんに次いで三人目ですが、各国の宇宙飛行士が数人ずつ交代で勤務し、宇宙のいろいろな観測や実験データを地上に送り続けております。彼らの滞在日数は、数ヶ月にも及んだりします。すると、場合によっては、地上にいる時の何十倍以上の放射線を浴びるでしょう。しかも星出さんのように、十時間以上も長時間に亘って船外活動をすれば、おそらくさらに地上に居る私たちの何百倍もの、放射線量を被曝していることになります。

彼らは、新たな宇宙時代の尖兵として、貴重な経験を行ってくれているのです。間もなく、何十年か後に多くの人たちが、星出さんたちのように宇宙に出て仕事をすることが、私たち人類に課せられた宿命でもあるのです。

もう一度述べますが、賢明な日本国民にご理解頂きたいのは、これからのグローバル化の時代に、さらにそれこそもう後何十年かすると間違いなく宇宙で仕事をせざるを得なくなる時代に、放射線を怖がっていては生きていかないと言うことです。

脱原発を主張している方々は、こうしたことも是非もう一度考えて頂いて、基本的なことである「放射性物質とは何か」「放射線量の被曝の影響はどうなのか」などについて、きちんとご理解頂いた上で、《脱原発》主張していることが如何に不都合なことで在るかを、考えて貰いたいと思います。

放射性物質と放射線量の被曝などの具体的な説明は、改めて最後の第三章「トラウマをなくすために必要なもの」で行いますので、是非お読み頂きたいと思います。

第二章　トラウマが生むマイナスの大きさ検証

この章では、脱原発と言う名でこの日本から原子力発電所を全部廃止することに向かって進もうとすることが、如何に理不尽なことであるか。それは、正に「日本を打ち壊す運動」のような暴挙であることを、実証して診たいと思います。

大きくは、次の三点に分けて悪影響を説明します。

一・原子力発電所停止による直接の悪影響検証

二・地球環境温暖化への悪影響検証

三・再生可能エネルギーへの取り組みが生む社会経済への悪影響検証

第一節　原子力発電所停止による直接の悪影響検証

この第一節では、原子力発電所の停止によって、どんな悪影響が生じているかを、取り纏めて説明したいと思います。

とても重要な観点が、マスコミが流すような劇場的な報道から完全に抜け落ちていることです。悪影響は、本当にこんな所までと思われるようなことにまで至っているのです。そこを、是非お知らせしたいと考えます。

次の五点に整理してみました。

1・消費者や市民への悪影響
2・地域社会への経済的悪影響
3・電力会社の損失に伴う悪影響
4・核燃料の処理に伴う悪影響
5・日本国家の損失とその悪影響

1・消費者や市民への悪影響

関西地方では、今年の夏の電気が原子力発電所を現政権が全部停止し、福島の事故と同じことが再び起きないように、安全対策を施すという理由で動かすべきではないと言う自治体の首長からの要望が出ました。

しかし、この地方には次のように関西電力と日本原子力発電とが建設し運転している次のように、十三基合計一一二八・五万KWの原子力発電所が在ります。これによって、当地方の住民や企業は低廉かつ安定的な電気を利用して来ております。原子力発電の比率は、こうした発電設備では全体の約四〇%ですが、KWhすなわち消費者が利用する電気の量では、五割に達しております。

発電所の型式は、日本原子力発電の敦賀一号がＢＷＲですが、後は全てＰＷＲです。
＊美浜一号　三十四万ＫＷ　運転開始 昭和四十五年
＊美浜二号　五十万ＫＷ　運転開始昭和四十七年
＊美浜三号　八十二・六万ＫＷ　運転開始昭和五十一年
＊高浜一号　八十二・六万ＫＷ　運転開始昭和四十九年
＊高浜二号　八十二・六万ＫＷ　運転開始昭和五十年
＊高浜三号　八十七万ＫＷ　運転開始昭和六十年
＊高浜四号　八十七万ＫＷ　運転開始昭和六十年
＊大飯一号　百十七・五万ＫＷ　運転開始昭和五十四年
＊大飯二号　百十七・五万ＫＷ　運転開始昭和五十四年
＊大飯三号　百十八万ＫＷ　運転開始平成三年
＊大飯四号　百十八万ＫＷ　運転開始平成五年
＊敦賀一号　三十五・七万ＫＷ　運転開始昭和四十五年
＊敦賀二号　百十六万ＫＷ　運転開始昭和六十二年
合計十三基　千百二十八・五万ＫＷ

このように、すでに原子力発電の利用が五割にも達しているわけですから、原発の停止の報道がもたらす一般の消費者の方々への心理的影響は、非常に大きかったと考えられます。

その十三基の原子力発電所には、それぞれ保守運転のために関連会社の従業員も含め、概ね毎日一千人から二千人の従業員ないし作業員が勤務しています。そして、定期検査等にはさらにその二倍から三倍の作業員が勤めております。

こうした人たちは、当然に今回の運転停止で結局仕事を奪われてしまいました。

ようやく、原子力発電所の停止が電力供給不足を生じるかも知れないと言う、その深刻さが判った地方自治体が、電力の関係者と一緒に強行に「運転再開」を求めた結果、大飯原子力発電所の三号機と四号機合計二百三十六万KWが、この八月上旬運転を開始しています。

市民の多くは、ほっとしたと思います。マスコミは、十分な事故の検証も無く原発を再稼動したのは問題だという専門家や、脱原発を主張する市民の意見を特に、動画のマスメディアに載せて不安を煽りましたが、実際には大多数の「声無き声」の消費者は全く異なった考えだったと思います。現に、この夏は計画停電も無く乗り切りました。もちろん、上記の通り残り十基九百万ＫＷの関西地方の原発は、停止したまま無駄な時間を過ごして居りますので、当然電気料金は何割も高騰し、電力会社は代替している火力発電所の燃料代で大幅な赤字になり、配当も出来ず結局は電気料金を止む無く値上げせざるを得ないでしょう。

それは正に、原発を停止しているための消費者や市民への悪影響です。

同時に消費者や市民は、見えないところでとても悪影響を受けているのです。

具体例を一つ挙げましょう。

私は、福岡に住んでいますので、電気を供給してくれるのは九州電力ですが、九州電力も佐賀県の玄海原子力発電所に四基、鹿児島県の川内原子力発電所に二基、合計五二五・八万ＫＷの原発を持っております。発電設備としては全体の三十五％ですが、ＫＷｈすなわち電気の供給量としては、概ね四割を原子力が受け持っています。それを、現在止められているのです。

詳しいことは省略しますが、定期検査を終えた玄海原子力発電所について、監督官庁である経済産業省の海江田万里大臣が運転認可を、わざわざ古川康佐賀県知事に伝えに来ました。ところが、そのことを一端容認したはずの菅総理大臣が突然もう一度検査をし直し

「ストレストテスト」をする必要があると言う理由で、容認をストップするという異常な事態が発生しました。

国会で追及された海江田大臣が、涙ぐんで釈明すると言う動画だけを、ＮＨＫはテレビで尤もらしく伝えたのを思い出しました。

迷惑この上も無いのは、消費者と市民です。安定的なコストの安い電気を使うことが出来ず、本当にがっかりしています。一方、ほんの一部の脱原発の人たちは、連日のように電力会社の玄関前の道路に反原発の筵旗を立てて、執拗に原発は要らないと訴えていますが、道行く人たちがその異様さに見て観ぬ振りをしている状況です。ところが、このほんの些細な光景を、公共機関であるはずのＮＨＫテレビが、「反原発の人たちが、今日も電力会社に抗議をしている」と音声付の動画で放映します。如何にも、この人たちの声がとても大きいように響きます。

これは、原発が停まってしまった市民への悪影響を伝える役割があるはずの公共機関としてのＮＨＫが、逆に原発が停まることが正しいのだということを、助長しているようなものです。全く可笑しいと思われませんか。

本当の悪影響は、原発が停まって今年の夏が各地で計画停電を行わざるを得ないと言うことになりましたが、これにはとても市民は迷惑したのです。

私が会社に入った頃は、台風が来ただけで一週間ぐらい停電になる状況でした。懸命に作業員が電柱（当時は大半木柱でしたが）を建て直したり、柱上の変圧器を取り替えたりして、やっと各家庭や事務所や工場に明かりが灯ると、喚声を挙げ作業場の神棚を拝んだりしました。

この時思ったのは、「日本人の性格はとてもせっかち」で、例えば台風が来て停電すると少なくとも復旧は、一日以上掛かるのが経験で分かっている筈なのに、どうしても《三分間》以上は待てないと言う人種だと言うことです。「未だつかないのか」と矢の催促、遂には怒鳴り込まれたりします。

これは、日本人の本質のようです。停電のこと以外でも、例えば電車が遅れたり、或いは注文した食事がなかなか出て来なかったりしても、同じように日本人はいらいらします。ところが、フランス人などは停電になっても、決して慌てません。「電力会社の人が懸命に復旧作業を遣って呉れているはずだから、落ち着いて待ちましょう。ローソクでも用意しましょう」と言った具合で、電力会社に電話を掛けたりしません。大違いです。

逆に言えば、日本人の生来持っている「短気」な性格は、理詰めできちっとしなければ納得しないと言うほどの、コストに現れない高度なサービス→それが質の高さと言うことでしょうが→を作り出す根源にもなっていると思います。

　こうした歴史と経験があるため、電力会社はその後長期に亘って、先ず発電所はもちろん、送電線や配電線などの強化に努めましたので、今では相当な台風などが在っても殆ど停電等は無くなりました。そうした電力会社の努力を背景に、日本人は快適に生活していると言うことではないでしょうか。いろいろの失敗や経験と反省の上に知見を重ね、時代の変化を踏まえて、電気は空気や水と同じように、国民生活の必需品を守り安定安全に供給するという、公共サービスの信念に燃えて日々日夜を分かたず、全国の電力会社十五万人の従業員が懸命に努力していることを、是非忘れないで頂きたいと思います。だから、計画停電等絶対にしてはならないと思いが、信念として在るのです。ところが、貴重な原発が、３・11のトラウマのため、政治の強行方策によって全部停止させられたまま、とても暑い真夏を迎え万一に備えて計画停電が話題となりました。正に、脱原発を目指すという政治政策すなわち人為的な悪影響です。

　だから、今回の計画停電などと言うことを聞いて、消費者や市民の方々はびっくりされていると思います。

その証拠に、私の住んでいるアパートでも、電力会社から来た計画停電が万一行われる場合の、ブロック別の時間割表が配布された時、アパートの理事長さんが慌てました。電力会社にこまごまと問い合わせた後、理事長さんが住民全員を臨時に集めて「計画停電対策のための緊急集会」を開きました。周知漏れが在ると大変だと言うので、次の日曜日にもう一回開催しました。

「計画停電になったら○曜日と○曜日は、午後二時から三時まで停電します。その間は、このアパートの玄関ドアのセキュリティーも駐車場の自動ドアの開閉も出来ません。その間は、みなさんの中から、当番を決めて勝手に部外者が侵入するのを見張って頂きます。それから、水道もトイレの自動水洗も停まります。冷蔵庫も、冷房も停止します。そうそう、もっと重要ですが、エレベーターも動かなくなりますので、その間はエレベーターに乗らないでください。お年寄りの方は、特に注意してくださいよ。万一乗っていて停電すると、エレベーターが真っ暗になり、降りられなくなります。いいですね」

とこんな具合に、丁寧に説明してくれました。こうしたことが、広く行われております。おそらく全ての企業の事務所や事業所でももっと整然と通達して、計画停電に備えたようです。特に、パソコンなどインターネットが停電によって使えなくなると大変ですので、自家発電に切り替えると言うような措置も施したことでしょう。

実際には行われなかった計画停電ですが、ＮＨＫなどの動画報道には載らない、原発停止の悪影響の一端を紹介した次第です。

それより、次に述べるような深刻な悪影響を、私は心配しています。

本件も、同じ福岡の話です。北九州の某社では、上述のような原発停止の影響を受けて、計画停電の場合の生産体制のシフトを決め、関係する下請け等にも徹底しました。その情報が、某海外の企業に伝わったところ、その会社の幹部が九州内に工場の立地をしようかと考えていたのを、取り止めたと言う話です。

「九州には、綺麗な水と安定したコストの安い原子力の電気が在るから、労務費は少々高いが電気と水が魅力だった。しかし、電気が停電する危険が在るのではリスクが大きい」

そのように述べて、落胆しているとの話です。

こうした脱原発がもたらす、消費者、市民、ユーザーへの悪影響について、為政者はもっと緊張感を持って判断材料にして貰いたいと考えます。

2・地域社会への経済的悪影響

3・11の東日本大災害で、福島第一原子力発電所が思わぬ災害に遭遇して以来、次々に定期検査に入ったわが国の原子力発電所は、今年五月五日に北海道電力の泊原発三号機七十八万KWが、定期検査のため停止して以来五十四基全部が停止しました。ようやく、関西電力の大飯原発が一部稼動したものの、他の原発は稼動条件を審議する新たな機関を政府が作るまでは、実質ストップと言うどうにも成らない状態です。その後の状況では、去る九月十九日に新たに発足した原子力規制委員会で、停止している全ての原発の再稼動を判断して貰うと政府は述べています。早く組織的に動き出して貰わなければ、日本経済社会への打撃は、益々大きくなると思われます。

このため、地域社会には計り知れない影響を与えております。特に、原発が十五基約一千百万KWと膨大な発電所を県内に持つ福井県や、数では七基ですが、最新鋭のものだけに全部で八百二十万KWの原発を持つ新潟県では、県内の雇用や地域産業に大きな打撃を与えていると、当該地域の経済団体などからも報告がなされています。

〔注〕今回事故を起こした福島第一原発四基を含め合計九百十万KWの原発を保有する福島県の打撃については、別途触れます。

もちろん福井・新潟両県共に、これらの原発がそうした地域の電力の使用とは直接結び付いては居ませんが、そうした原発の運営を支えているのは、正にその地域の住民であり、中小企業です。だから、千二百万KWないし八百二十万KWの原発が停止していると言うことは、地域の生活と企業活動全体が停まっていると言っても過言ではないのです。

例えば一基の原発に、電力会社の従業員はじめ保守点検や運転管理、修理修繕や安全管理、それに最近では市町村や県並びに中央官庁やIEAなど国際機関との連携等を含めると、少なくとも二千名ぐらいの人材が投入されていると考えられます。

すると、福井県の場合は二万四千名が、新潟県の場合は一万七千名ぐらいの直接雇用が地域を支えていると言うことになります。

一人当たり平均の人件費と運営管理費が、仮に年間一千万円として、福井県が二千八百億円、新潟県は一千七百億円に上ります。

これに対し、これらの人々が常時支障なく活動するための衣食を含む消費・運輸と住宅の維持管理などのサービス業務などを総合した、いわゆる付加価値乗数係数は、概ね二・五ないし三・〇と考えられます。すると、両県の原発による年間の経済効果は次の通りとなります。

＊福井県　七千億円～八千四百億円

＊新潟県　四千二百五十億円～五千百億円

ところが、現在全てが停止させられているために、こうした乗数効果はもちろん、雇用も殆ど削減されていると思われます。

おそらく、このような経済効果はゼロですので、脱原発の悪影響は目に見えています。もう一つ重大な悪影響は、脱原発に伴う原発立地市町村の電源立地交付金や固定資産税、核燃料税などの自治体の財源が失われることです。

漸く最近政府も、福井県などからの陳情を受けて分析した結果、原発五十四地点の自治体の財源が年間五兆円にも及ぶことが分かり、本当に十八年後に原発をゼロにすることの重大さに気付き始めたようです。しかし、基本方針を政府が変えない以上、脱原発が地域社会の打ち壊しの方向に進んでいることは、間違いありません。

こうした状態が、今後三年も四年も続けば完全に地域社会は「打ち壊し」状態に陥るのは必死です。その上で、二〇三〇年すなわち十八年以内に原発をゼロにするなどと言うことは、正気の沙汰では言えない話ではないでしょうか。

澤昭裕氏が最近「精神論ぬきの電力入門」（新潮新書）という大変高度な内容でありながら、とても分かり易くわが国の原子力発電の重要性を強調した書籍を出しております。

この本によると、日本商工会議所が行った二〇一一年度の調査では、三割もの企業が操業時間や休日を変更させたため、下請けの中小企業はそうしたスケジュールに合わせた体制作りに、追いまくられたと言う報告を紹介しています。

また、経団連が行った調査でも、「電力の供給不足と電気料金の上昇が重なった場合、生産を減少または大きく減少させると答えた企業が七十三％あった（以下略）」と書いておりあます。（前掲書二十二頁）

実は私もこの三月に発行した拙著「電気の正しい理解と利用を解いた本」（財界研究所百六十二頁以下）の中で、脱原発による地域社会への悪影響の事例として、上述の日本商工会議所の調査内容を少し詳しく紹介しております。それを、ご参考までに再掲しておきます。

前提条件として、一年間に亘り原発が停止させられると電気料金が三割上昇することは、先ず間違いありません。商工会議所の調査は、その場合企業はどういう対策を取るかということです。

答えは「節電・省エネルギー対策」の実施と言うことになりますが、第四図がその内容を取り纏めたものです。

この図の内容を、簡潔に整理して示すと次のようになりますが、特に中小企業を含め、単純に脱原発などと政治家は言うけれども、このようにそれこそ政府の広報機関をも担っているＮＨＫの画像には、現れない悪影響が日本全国で現に生じていることを、是非認識して貰いたいと思います。

（1）節電対策の内容（カッコ内は比率）

次のようなさまざまな対策が行われています。

①生産抑制（十三・一）
②操業時間変更（三十一・一）
③操業日シフト（土日操業）（二十六・九）
④夏期休業実施拡大（十七・二）
⑤自家発電稼動（九・七）
⑥生産拠点移転（二・八）
⑦製造機械稼動の節約工夫（十八・六）
⑧電気以外の燃料導入（一・四）
⑨その他（十五・九）

（2）節電対策のコスト
◎事業者全体で、三十・一％にコスト増加発生
◎大企業では五十三％がコスト増加
◎中小企業も二十七・八％がコスト増加

（3）コスト増加の要因
①人件費・光熱費の増加（五十四・二）
②設備更新・補修費の増加（三十二・二）
③自家発電の燃料増加（十三・六）
④その他（三十二・二）

とにかく、脱原発が地域社会にさまざまな悪影響を生じていることを、つぶさに理解して頂きたいと思います。

3・電力会社の損失に伴う悪影響

政府が目指す脱原発或いは脱原発依存と云う、シンボル的な主張が電力会社に与える損失は、直接・間接共に計り知れないものがあります。

第４図　節電対策に要する企業の対策とそのコスト

節電対策の内容(製造業)

○製造業では 13.1%が生産抑制で対応
○労働強化(労働負荷 up)の傾向も顕著(操業時間変更 31.7%、土日操業 26.9%)

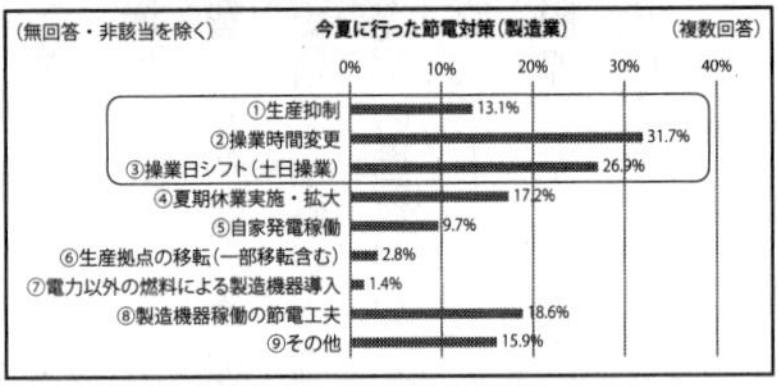

節電対策のコスト

○全体の 30.1%製造業の 40.7%でコスト増が発生。大口需要家では 53.0%
○製造業では、操業時間の増加に伴い、人件費・光熱費が増加

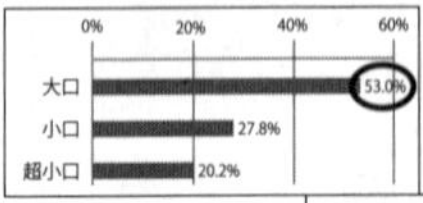

←契約種別毎の「コスト増発生」の割合

コスト増発生の要因内訳→
(製造業)

設備更新・補修等	32.2%
自家発の燃料等	13.6%
人件費・光熱費等	54.2%
その他	32.2%

［調査概要］
調査期間：平成23年9月30日～10月7日
調査対象：東京電力管内、東北電力管内の商工会議所会員
回答数：306件(製造業148件、非製造業158件)
(出所)2012.4.23需給検証委員会資料(日本商工会議所)

3・11当時政府のトップに君臨していた菅　直人総理大臣の行動と言動、そのことが与えた電力会社へのダメージは、東京電力へはもちろん他のわが国の電力会社にも、衝撃的な悪影響を与えてしまいました。

私は、先に著した「電気の正しい理解と利用を説いた本」（財界研究所）の中で主張したことですが、それは第五図に示した通り、何故原子力の事故だけが事業者の全面的な責任として、早々に政府の思惑で処理されてしまったかと言う大問題に関わることです。《電力会社は悪》と言うレッテルが、貼られたのです。

その事の発端は、政治のトップに居た人物のシンボリックな発言と行動に集約されると考えます。

第五図を見て頂ければ分かる通り、今回の東北大震災では片や二万人の方々が、亡くなられまた行方不明になっています。だんだん分かってきたことは、今回のような千年に一度と言われるような大地震が、実は千年でなく何百年かの間にも起きていたようです。このため、先人の言い伝えも残っていたと言うのです。

「地震の後、直ちに五分以内に高いほうに向かって逃げろ」とか、「十メートル以上高いところに移住すべし」とか、さらには「ツナミは十数メートルに及んだので、防波堤はそれ以上でないと役に立たない」というような現実的な言い伝えです。

ところが、二世代ぐらい過ぎると人間は過去のことをすっかり忘れてしまい、段々安易になるようです。極端な事例が、本当は過去に十三メートルのツナミがあったのに、昭和八年の巨大地震では八メートルだった。だから、十メートルにしておけば大丈夫だと決めたと言う話です。数億円を掛けて、立派な十メートルの防潮堤が出来上がり、観光名物にもなっていました。

それが、今回の3・11の十数メートルのツナミで、役に立たず逆に数千人の尊い生命を奪ったと云う話です。

こうした責任は、一体誰が負うのでしょうか。

これに比し、第五図の（A）「二万人の犠牲者は誰が救済」と（B）「東電福島第一の事故は誰が救済」との違いを比較して見て下さい。

（A）二万人と言う大変な生命の犠牲、それに何十兆円にも及ぶ家屋・農地・事務所・商店街・道路・港湾・工場等々被害ですが、この場合は「未曾有の天災」として、全て国や地方自治体の責任で処理されております。ところが、上述のように過去の経験が十分活かされたかったのは、本来は厳しく追及されるべきでしょうが、それは不問にされています。

一方（Ｂ）の東電の原発の場合は、大災害であろうが未曾有で在ろうが全く関係無しに、最初から放射性物質を撒き散らした↓それは全てが「東電の責任だ」「第一次補償者は東電の株主・投資家・経営者・従業員の連帯責任だ」と言う具合で、与野党の国会議員がそれこそ国会中継するＮＨＫテレビの画像で、東電の社長を呼び付けたりして繰り返し質問しました。担当の枝野大臣も、その通りと言う発言を繰り返しました。正に、「脱原発」を求める政治が、問答無用で本来国家と政府が負うべき責任を、私企業である東電と投資家・株主に押し付けたとしか言いようがありません。

どう考えても、可笑しいと思いませんか。

東電の福島第一原発の場合は、過去の知りうる知見では最大七メートルのツナミと言う記録は在りましたが、それには十分耐えうると言う条件で安全性が国の審査によって確かめられ、許可されたのです。したがって、今回のそれこそ大前研一氏に言わせれば「傲慢」と言われるかも知れませんが、責任は（Ａ）の場合と同じく、政治すなわち国会は（Ｂ）についても、国家の責任として処理すべきだったと思います。

したがって、第五図にあるとおり、風評被害なども含めて東電が現在行っている損害賠償の事務や手続き等は、国の機関が行うのを代行していると解釈すべきです。

もちろん、東電はこのことをきちんと訴訟に持ち込んでも良い話なので、堂々と株主と投資家を代表して国に要請すべきです。

例えばこの風評被害を含めた悪影響は、東電の株主を取っただけでも、株価の低落ですでに最低五兆円ぐらいになっています。3・11までの株式発行数、約二十五億株が一株二千五百円程度でしたが、それが現在百三〇円です。約二十分の一に成っているからです。おそらくその他の電力会社の株価も、3・11の前よりも五割ないし七割ぐらい株価が下落していますので、総額五兆円ぐらいの影響だと思います。よって、東電の五兆円の合わせると、約十兆円の時価損失です。

実はここで私は、重要な事実を示したいと思います。

それは内閣府の有識者検討会が、本年八月二十九日に発表した南海トラフを震源域とするマグニチュード（M）九・一の最大級地震が起きた場合、最悪最大三十三万人の死者と二三八万六千棟の建物の全壊・焼失が生じると言う発表です。（八月三十日各紙）

問題は、ツナミからの迅速な避難や建物の耐震化が施されれば、最悪ケースの死者は、六万一千人に減らせる等と言う発表の仕方です。要するに、政府は先の3・11と同じような重大災害が発生する可能性を、国民に向けこの度発表したこと。並びに国民が今から対策を打てば、相当に事故も減らせると「国民の自主努力」を強調したわけです。

もちろん、悪い事ではありません。しかし、本当に予期せぬ南海トラフ巨大地震が発生した場合でも、今度は「すでに国民に警告したでしょう」という、エックスキューズを政府が行ったと言うことです。

特に原発については、高波の想定を浜岡原発は十九メートル、伊方、上関、東海第2の三原発は三メートルと予測する数字を発表しました。

そこで、翻って東電福島第一発電所の事故に当っては、こうした国からの危険の予知が全く行われてはいませんでした。今回の東日本大震災が起こって、初めてこうした南海トラフの予知が行われたわけです。

こうしたことを考えても、責任を東電に押し付け風評被害まで含めた損害賠償制度を特別に作り、国家の資金を投入したと云うことで、実質国有化したのは間違いです。

最も心配なのは、東電だけではありませんが地方の僻地や離島など、例えば郵便や荷物の配達もままならない場所に、住んで居られるのは多くは高齢者の方々です。テレビが唯一の楽しみ、と言う方が多いと思います。そういう方々への電気は、命を守る命綱の役目

第５図　原発事故の責任は国（政府）か企業（東電・株主）か

	2011年3月11大地震・津波災害の責任	
	天災による事故として判断	その他の判断
(A) 二万人の犠牲者は誰が救済	◆あくまで、未曾有の天災として、国及び地方自治体が、すべてを対処した。 ↓ 特に異論なし。	◆特に異論は出ていない。 ◆但し、「(B)」の責任の取らせ方と、比較すれば常識的に考えて、今後異論が出る可能性あり。 < 例えば、津波に対する防潮堤の既存の設置の仕方など >
(B) 東電福島第一の事故は誰が救済	◆天災であっても、放射性物質が発生したことは、企業の責任として、東電と株主に全責任を取らせる処理。 ↓ 大いに問題があるが、今のところそうした意見が出る余地なし。(世論を背景とした国会審議等による政治的判断)	◆原子力損害賠償法第 3 条但書き (天災条項による免責規定) に当るという判断が出てくる可能性あり。 ◆東電は当面、政府の責任を代行をしているという考え方在り。

(注) 東日本大震災の発生から、約 1 年間を経た時点での判断ということで取りまとめた。

をしていると言っても良いでしょう。そのサービスには、とてもコストが嵩みますが、他の電気の利用者全員の平等な負担で長年電気を供給して来ました。

このような、心のこもったサービスさえ《脱原発》の煽りで、出来なくなるのではないかと心配されます。

東電の平成二十三年度事業報告を見ると、人件費は従業員の給料を三割以上カットし、原子力の運転停止の代替としての燃料価格の大幅増加などで、燃料費が総経費の四十・一%の二兆三千億円にもなり、関連事業資産も四千億円以上売り尽くしても、風評被害を含む損害賠償金を埋めるため、「原子力損害賠償機構」から二兆五千億円余の借金をせざるを得ませんでした。株式発行額の五十一%以上を国に取得され、実質国営会社になったといえます。

それでも、四千億円の経常損失を出したため、株価は先ほどのように二十分の一に成ってしまったと言うことです。急遽トップに立った廣瀬直己社長は、就任に当っての全従業員に向けての挨拶の中で、「お客様の目線や社会のニーズをしっかりととらえ」「情報開示にしっかりと取り組み」「あらゆる効率化を一生懸命に努め」「特別事業計画は十年ですが、十年待っていられません。三年以内に黒字化し、五年で計画を完了する覚悟です」

と、厳しく全員に呼び掛けました。

しかし、彼がこうした計画を本当に前倒し出来るようにするには、その大前提として《電力は悪者》と言う風評被害を払拭するための、「脱原発」の政府による撤回しかありません。

4・核燃料の処理に伴う悪影響

さらに大問題は、脱原発に伴う核燃料資源の処理が、大変なことになる可能性があります。

枝野幸男経済産業大臣がこの九月、政府のエネルギー・環境会議で検討するための資料として出した「エネルギー・環境戦略策定に当たっての検討事項について」と題するペーパーがあります。それを見ると、「原発ゼロの課題」として、第六図にあるような重大な問題が示されております。

第一に、先ず向き合うべき課題として挙げているのが、次の二つです。

①使用済み燃料の扱い→関係自治体の協力が得られなければ、そのリスクをどう乗り切るか

②原発政策変更の影響➡原発ゼロの負担に国民生活が果たして耐えられるか

第二に、「不可逆的な影響が出て来る課題」として、わが国の経済・外交・安全保障問題をどう解決出来るかを挙げています。

ポイントは、次の三点としています。

①原子力安全を支える技術と人材の喪失

②日米関係を含む外交・安全保障への影響

③エネルギー調達における交渉力の低下

政府もやっと気が付き、正に重大な課題が提起されていると思います。順次見てみましょう。

①使用済み燃料とウラン資源の違い

第五表は、二〇一二年三月末時点の全国に在る原発五十四基が使った「使用済み核燃料」の貯蔵量が、一万四二九〇トンであること、発電所内の管理容量が、六三四〇トン分しか無いこと、および管理容量スペースが無くなるまで、後どれだけの年限が在るかを示したものです。十年以上の余裕が在るのは、北海道（泊原発）、東北（東通原発）、北陸

第６図　原発ゼロの課題

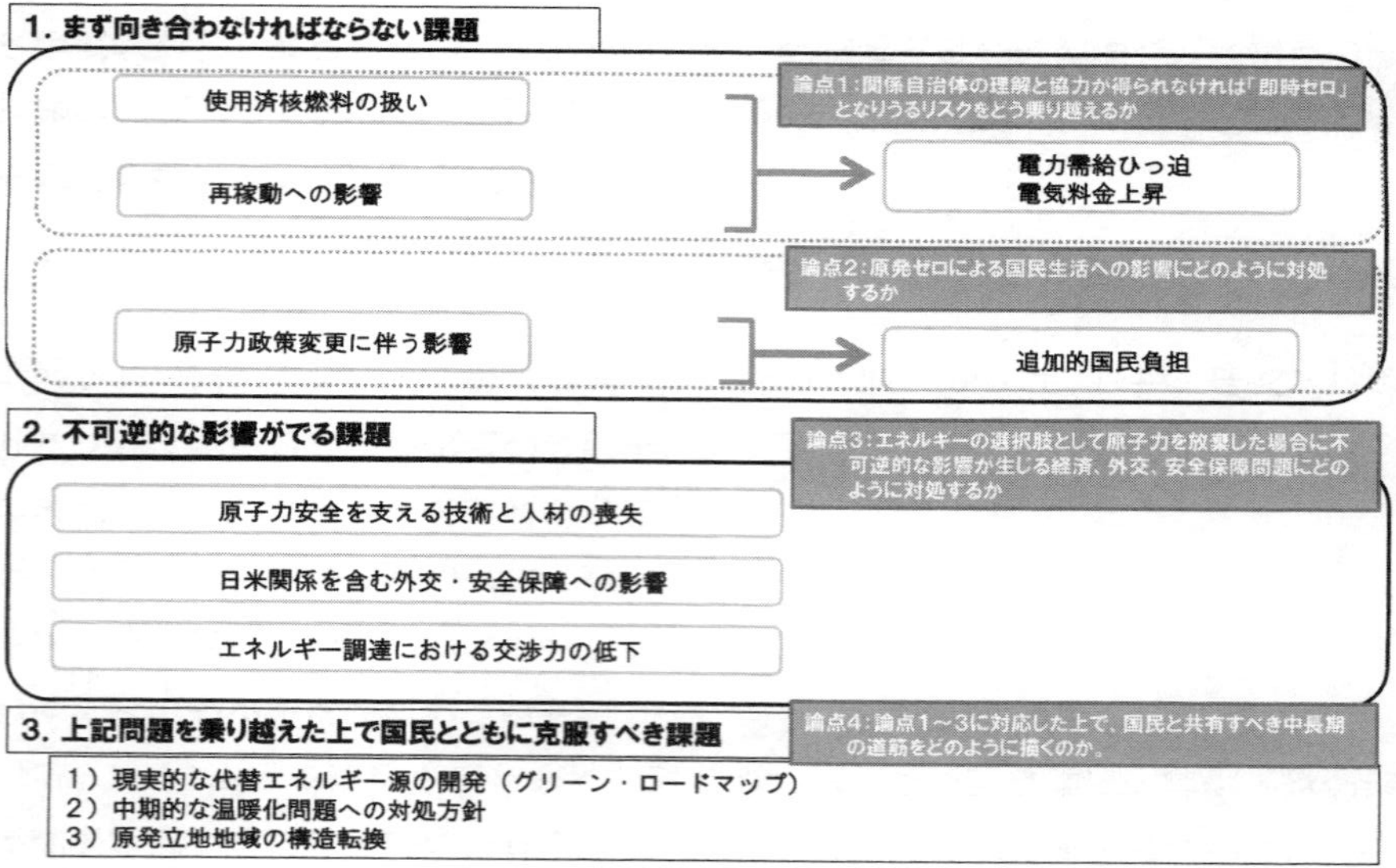
1. まず向き合わなければならない課題
使用済核燃料の扱い
再稼動への影響
論点1：関係自治体の理解と協力が得られなければ「即時ゼロ」となりうるリスクをどう乗り越えるか
電力需給ひっ迫
電気料金上昇
論点2：原発ゼロによる国民生活への影響にどのように対処するか
原子力政策変更に伴う影響
追加的国民負担
2. 不可逆的な影響がでる課題
論点3：エネルキーの選択肢として原子力を放棄した場合に不可逆的な影響が生じる経済、外交、安全保障問題にどのように対処するか
原子力安全を支える技術と人材の喪失
日米関係を含む外交・安全保障への影響
エネルギー調達における交渉力の低下
3. 上記問題を乗り越えた上で国民とともに克服すべき課題
論点4：論点1～3に対応した上で、国民と共有すべき中長期の道筋をどのように描くのか。
1）現実的な代替エネルギー源の開発（グリーン・ロードマップ）
2）中期的な温暖化問題への対処方針
3）原発立地地域の構造転換

（志賀原発）、九州（川内原発）の四地点のみです。概ね七、八年間であり、東電の福島第二原発と日本原電の東海第二原発、それに九電の玄海原発の三地点は、後二、三年でこのままではどうにも成らなくなると言う状況です。

このためには、どうしても青森県六ヶ所村の再処理工場を予定通り、必死に頑張って動かし、早々に上記の使用済み燃料を運び出して、再処理して貰う必要があります。したがって、六ヶ所村の再処理工場の運転は絶対に必要です。

仮に今後も《脱原発》を政府が進め、原発ゼロにすると言うことになると、再処理はしないことになりますので、青森県は搬入されているものを含め、使用済み燃料の受け入れを拒否すると同時に、全部返すと言うでしょう。

それは、再処理を行っている日本原燃（株）との間に、再処理困難となった場合は全部返すと言う協定を、一九九八年に交わしているからです。もちろん、地域経済に大打撃を与えますが、それよりも日本国家としてどうするかと言うことが問われることになります。

先ほどの経済産業大臣が出したエネルギー・環境戦略策定のための検討事項には、次の第七図に示したように使用済み核燃料を再処理・高速炉利用が確立されれば、①高レベル

第５表　原子力発電所の使用済み燃料の貯蔵状況

(2012 年 3 月末時点) 単位＝トンU、年

発電所名		使用済み燃料貯蔵量	管理容量	管理余裕	管理容量超過までの期間
北海道	泊	400	1,000	600	16.0
東北	女川	420	790	370	8.2
	東通	100	440	340	15.1
東京	福島第一	1,960	2,100	140	―
	福島第二	1,120	1,360	240	2.7
	柏崎刈羽	2,310	2,910	600	3.5
中部	浜岡	1,140	1,740	600	8.0
北陸	志賀	160	690	530	14.1
関西	美浜	390	680	290	7.7
	高浜	1,160	1,730	570	7.6
	大飯	1,430	2,020	590	7.2
中国	島根	390	600	210	7.0
四国	伊方	600	940	340	9.1
九州	玄海	870	1,070	200	3.0
	川内	890	1,290	400	10.7
日本原電	敦賀	580	860	280	9.3
	東海第二	370	440	70	3.1
合計		14,290	20,630	6,340	―

注) 管理容量は、原則として「貯蔵容量から 1 炉心 +1 取り換え分を差し引いた容量」。なお中部電力の浜岡 1、2 号機の管理容量は、運転終了により貯蔵容量と同量。　< 参考 > 六ヶ所再処理工場の使用済み燃料貯蔵量＝2,919 トンU（最大貯蔵能力＝3,000 トンU）、むつリサイクル燃料貯蔵センターの使用済み燃料貯蔵量＝0 トンU（最大貯蔵能力＝3,000 トンU、13 年 10 月操業予定。将来的に 5,000 トンU まで拡張予定）

(注)2012 年 9 月 10 日付電気新聞による

放射性廃棄物の体積が、直接地中に埋められ処分した場合よりも、体積が七分の一にへること②有害度が十万年から三百年に低下すること③将来、高速増殖炉サイクルが実現すると、数千年間ウランの再利用が可能となること―の三点を示しています。

また次の第八図を見て頂きたいと思いますが、分り易く説明しますと、先ほどの使用済み燃料は、それぞれの原発から青森県むつ市に在る「中間貯蔵施設」に先ず運び込まれます。その後、順次六ヶ所村の再処理施設に運び込まれて、再処理されプルトニウムとして原発に再利用される仕組みになっております。

もちろん、再処理するときに出た「高濃度の放射性廃棄物」は、ガラス固化したりして「高レベル放射性廃棄物の処分場」に運ばれます。

なお、先ほどの電力各社の使用済み燃料の一部は、フランスとイギリスに再処理を委託しております。このため、両国からも今後の処理についての大問題として、重大な外交課題になってくるでしょう。

②外交安全保障問題への影響

脱原発によって、再処理を中止すると言うような事態が発生すると、日本の外交問題と

第７図　再処理と核燃料サイクルの意義

核燃料サイクルの意義（廃棄物の減容・有害度低減）

○再処理・高速炉利用によって、高レベル放射性廃棄物の体積を約7分の1に低減。
○また、有害度が元の天然ウランと同じレベルになるために必要な期間が約10万年から約300年に短縮。
○更に、将来、高速増殖炉サイクルが実現すれば、数千年間、ウラン資源を再利用可能。

比較項目＼技術オプション		直接処分	再処理 軽水炉	再処理 高速炉
処分時の廃棄体イメージ		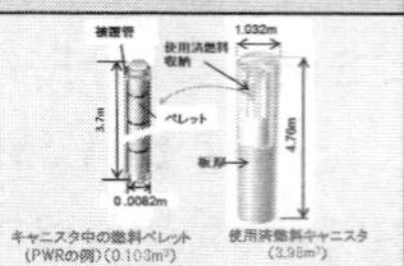	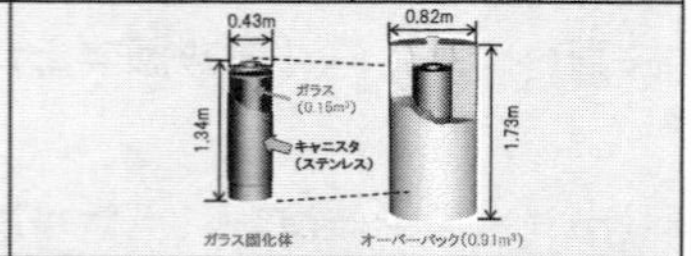	
発生体積比※1		1	約4分の1に減容化 約0.22	約7分の1に減容化 約0.15
潜在的有害度	天然ｳﾗﾝ並になるまでの期間※2	約10万年	約8千年	約300年
	1000年後の有害度※2	1	約8分の1に低減 約0.12	約240分の1に低減 約0.004
コスト※3	核燃料サイクル全体（フロントエンド・バックエンド計）	1.00～1.02 円 / kWh	1.39～1.98 円 / kWh	試算なし ※高速炉用の第二再処理工場が必要
	処分費用	0.10～0.11 円 / kWh	0.04～0.08 円 / kWh	

※1 数字は原子力機構概算例　直接処分時のキャニスタを1としたときの相対値を示す。
※2 出典：原子力政策大綱　上欄は1GWyを発電するために必要な天然ウラン量の潜在的有害度と等しくなる期間を示す。下欄は直接処分時を1としたときの相対値を示す。
※3 原子力委員会試算（平成23年11月）（割引率3%のケース）　軽水炉再処理については、使用済燃料を貯蔵しつつ再処理していく現状を考慮したモデルと、次々と再処理していくモデルで計算。

第８図　使用済み核燃料の再処理経路図

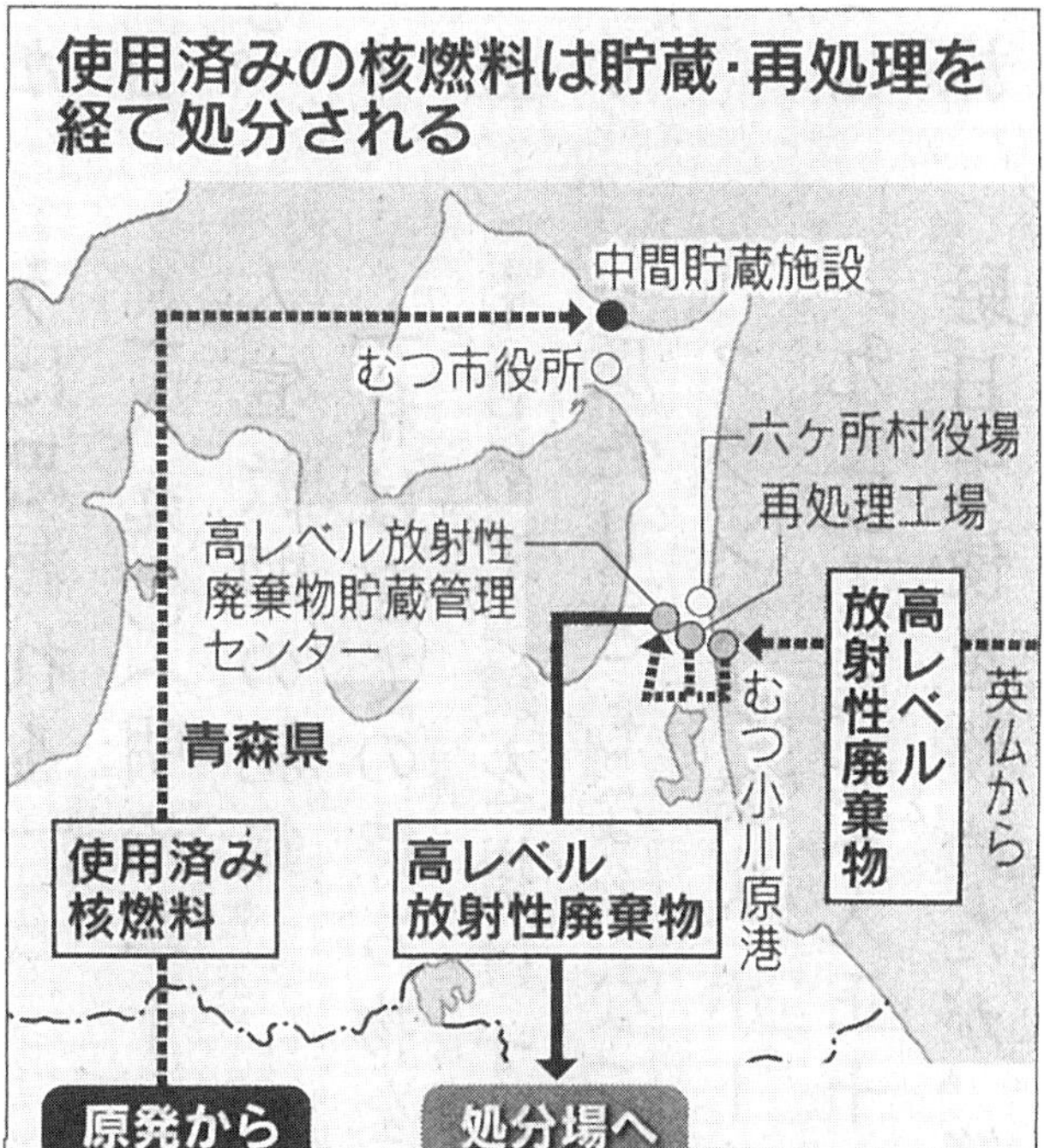

（注）日本経済新聞 2012 年 9 月 11 日付の記事より引用

言うより、特に日米同盟の基幹の一つでもある日米原子力協定に大きな影響を及ぼします。

第六表は、先ほどの通産大臣が政府の環境・エネルギー戦略会議に出したと言うペーパーの一つですが、かなり詳しく一九六八年（昭四十三）に日米原子力協定が締結されて以来、今日までの歴史的経緯と特に核燃料の「再処理」についての、具体的な進捗状況が示されています。

これを見ますと、核不拡散条約（ＮＰＴ）に加盟している非核兵器保有国である日本は、ウランの濃縮から再処理までを一貫して行うことは出来ないことになっていました。ところが、日本が再処理技術を完成したところから、わが国だけは一九八八年（昭六十三）に現在の日米原子力協定によって、濃縮から再処理までフルセットで、核燃料サイクルを保有できることになったわけです。

先ほどの六ヶ所村の再処理施設は、こうして作られたわけです。その現行協定は、六年後の二〇一八年に有効期限が切れることに成っています。

仮にも、脱原発を政府の方針としているわが国に対しては、アメリカはおそらく現協定の破棄を通告してくるでしょう。すると、それは単なる原子力協定だけの話ではなく、もっと重大な日米同盟と言う基本的な問題に影響を及ぼしてくることは必至でしょう。

こうしたことまで、政治のトップは国民に十分時間を掛けて説明すべきであって、急いでかたちだけ整えるような遣り方は、根本的に間違っていると思われませんか。とても、憂慮されます。

5・日本国家の損失とその悪影響

以上のようなことは、全て日本と言う国家の損失に当ることは言うまでもありません。しかし、私はそれ以上に日本の政治と政府の政策が、3・11の前後にこれほど大きく激変したことが世界中に与えた印象について、とても気になって仕方がないのです。

それは、無資源国の日本だから出来たことですが、コストが安くかつ安定しCO2も発生せず地球温暖化に積極貢献出来る原子力発電を、中心として進めるということを世界各国に先駆けて勧めると言う、《権威ある政策》を一挙に放棄してしまったことです。

もちろん大変な、当時誰もが予期しなかった、未曾有の大災害が起きたことは確かです。然し、時の最高責任者である首相が執った内政と外交の態度は、恐ろしいほど軽率だったと言わざるを得ません。最近当時首相の補佐官だった福山哲郎と云う人が書いた「原

第６表　核燃料サイクルを巡る日米関係の経緯

1968年	日米原子力協定締結	①米国由来の核燃料の民間保有が可能に。 ②米国由来の使用済燃料は米国の個別合意があれば、国内再処理が可能。
1971年	東海再処理工場建設開始	
1974年	インド核爆発実験	
1976年	日本、NPT批准	
1977年	米カーター政権による核不拡散政策発表	①米国内の商業用再処理とプルトニウム・リサイクルの無期限延期 ②国際核燃料サイクル評価（核不拡散と再処理の両立可能性検証）の実施
1977年	厳しい日米交渉を経て、日米共同声明決定・共同声明発表	東海再処理工場において2年間99トンに限り再処理を可能とすることに合意
1977～1980年	INFCE（国際核燃料サイクル評価）において、核不拡散と再処理の平和利用の両立が可能であるとの結論	
1981年	米レーガン大統領－鈴木首相との間で再処理問題を恒久的に解決するための協議開始に合意	
1982年	日本の再処理実施に関する日米交渉開始	
	↓ 5年間、15回に亘る協議	
1988年	現行日米協定発効	①包括的同意方式（六ヶ所再処理工場であれば、個別の事前同意なく、包括的に再処理を可能に）を導入 ②これにより、長期的な見通しの下、青森県六ヶ所村での核燃料サイクル施設の建設が可能に（1987年事業許可申請）
1993年	六ヶ所再処理工場建設着工	→ 核不拡散条約（NPT）に加盟する非核兵器国の中で唯一、濃縮・再処理技術を含むフルセットの核燃料サイクルを保有
2018年	現行日米協定の有効期限終了	

発危機官邸からの証言」（ちくま新書）を読むと、綿密に当時の官邸内の経緯は読み取れます。しかし、全体の流れとしては、次の四点を念頭にしたトップの行動が、全てを差配していたのではないかと思われます。

＊「原発は核エネルギーを持っているから危険だ」
　　↓
＊「大地震でその危険な原発が崩壊したから本当に危険になった」
　　↓
＊「原発が在る限り日本人は原爆のトラウマから抜け出せない」
　　↓
＊「綺麗な再生可能エネルギーを、原発の代替とすることに国民は賛成するはず」
＊「よって、脱原発の方針を固めよう」

というわけで、とうとう「脱原発、再生可能エネルギー」を宣言しようと言うことに、固まって行ったことが見て取れます。

したがって、脱原発方針を固めるのに、「無資源国日本だから準国産資源として原発の必要性を考えよう」とか、「今回の事故で漏れた放射性物質はどのようなもので、どのような影響があるのか」とか、さらには「脱原発の影響がどんなに大変なことになるのか→下手をすると日本の《打ち壊し》に繋がる」と言うようなことを、冷静に判断した上での決断では無いことがよく分かります。

それに、民主党政権が誕生した時、以下のように全く逆の方針を国民と世界に示していたことを、すっかり忘れてしまった権威の無いことをしているとしか思われません。それが、どれだけこの国の在り方に悪影響を与えているか、その重大さに気付いていないようです。

すなわち、政府の方針はこうだったのです。

↓

①五十四基、四千八百万ＫＷと言う膨大な規模の原発は、準国産資源のわが日本国家のエネルギー基本戦略として二十一世紀初頭に打ち立てられました。

②このため、二〇一〇年には自民党と公明党との政権の基で、「原子力大綱」がまとめられ、再処理施設の完成や高濃度放射性物質の処理施設の建設、さらには夢の高速増殖炉もんじゅの推進、および日本の勝れた原子力設備の新興国への輸出促進が決められました。また、当時の麻生太郎首相は、地球環境に貢献するため、一九九〇年比十五％のＣ

O2削減を打ち出しました。

③新たに政権を得た民主党も、鳩山首相を中心にそっくり上述の前政権が推進して来た方針を受け継ぎ、しかもそれ以上に地球環境問題に積極的に貢献して行くことを目指して、麻生首相の十五%を二十五%にさらに削減量を増やすことを宣言しました。このため原子力発電を一層推進していくことと、再生可能エネルギーをもその補完として進めることを閣議決定しておりました。

④この方針は、すでに述べましたように国連での総理大臣の意思表明をはじめ、行政機関と民間企業とが積極的に協調し、上述の重要課題を進んで解決していくこととし、政府はわが国の新たな成長戦略の基本に原発推進を据えるということを明確に宣言したということです。

⑤それを首相が代わっただけで、何の国会の議決もなしに百八十度異なる脱原発に転換してしまいました。

この流れを見ても分かるとおり、基本的なエネルギー国家戦略の検討は全くなされず、ただ政権を維持するために世論と言う名の妖怪に翻弄されているとしか言いようがありません。

これでは、宇宙時代に向かっている現在のリーダー国家でも何でもないと、世界から思われても仕方がありません。

本当に大変な、国家的損失を冒していると考えます。

第二節　地球環境温暖化対策への悪影響検証

福島の事故の放射性物質流失のトラウマ（精神的外傷）から立ち直れないため、脱原発が続いている限りその影響は、わが国が先進国の一員として、この二十四年間に亘って勧めてきた地球温暖化への取り組みに、大きな悪影響を与えることは、間違いありません。

思い出せば私も、ブラジルのリオデジャネイロで行われた第一回の地球温暖化を阻止するための世界締約国会議に、日本商工会議所を代表する一人として参加いたしました。日本政府の代表者は、竹下　登総理でした。

その五年後に、京都で第一回の議定書作りが行われ、有名になった「京都議定書」が採択されたのです。

そうしたことを考えると、現在のわが国が持ち出そうとしている「脱原発」は、言って見れば間違いなく日本外交の汚点にかかわってくることは間違いありません。

そうしたことを踏まえ、この第三節では次の二点に絞って述べたいと思います。

①　膨大な老朽火力再稼動の影響と混乱
②　膨大なCO2対策費の増加による悪影響

1・膨大な老朽火力再稼動の影響と混乱

現在日本の原子力発電所は、関西電力の大飯原発3・4号機（合計二百三十六万KW）が動いているだけだから、日本の原発全体四千八百万KWの僅か五％弱に過ぎません。

このため、電力各社は今現在主として火力発電所を中心に、全力を挙げて運転中です。CO2の問題は後ほど触れますが、先ず問題はこうした火力群の中に、すでにお蔵入り予定の老朽火力が相当含まれていると言うことです。

自動車で言えば、もう何十万キロも走ったポンコツ車の塵を叩いて、倉庫の奥から持ち出して修理し、急遽お客さんのところに伺って、乗って貰ったところ、一日目は何とかなりました。

ところが、二日目にお客さんを乗せて走っていたところ、急にエンストを起こして道路の真ん中で停まってしまったと言うような状態ではないかと思います。私が住んでいる九州の火力を調べたところ、約一割がすでに四十年前に建設され、最近は殆ど動かしていなかった火力発電所でした。

　したがって、時々運転中の火力発電所は停止したなどと言うニュースが報道されますが、何しろこのような老朽火力ですから、蒸気の配管に穴が開いたとか、非常ロック装置のネジがすり落ちて危険だから、修理する間数日間運転を停止すると言うようなことが起きます。現在全国に、合計一億二千三百六十五万KWの火力発電所が在ります。

　中味を見ると第七表に示した通り、すでに四十年以上を経過した火力発電所が、二千三百四十九万二千KW、すなわち約二割は老朽火力なのです。

　ところがNHKや新聞は、それが四十年も五十年をも経た老朽火力であることなどは、決して報道しません。「突然事故で、○○火力発電所が停止。現在事故原因を調査中」と言うようなコメントを出します。すると、一般の人は、「またか、電力会社は原子力も駄目だが火力も故障か。一体どうしてくれる」と言うように、電力会社のダメージになってしまいます。

　脱原発のために、こんな老朽火力まで緊急動員しているのだと言う説明は全く致しません。世論と言う妖怪が、活躍するはずです。

上述の通り、全国平均約二割の火力発電所が、すでに四十年以上を経過し原子力時代に入った今では、そろそろ引退する準備になっていたということです。ところが、原発を全部止められたため、止む無く電力会社各社はリニューアルを急遽施して、現役復帰して電気の生産を始めたわけです。今年は、何とか計画停電をせずに済んだのは、この約二割の老朽火力の助けが在ったからです。だから、こうした古い火力が使えなくなると、途端にわが国は命に関わる電気の停電状態に追い込まれるということです。

この意味でも、老朽火力が故障し始める前に、是非とも原子力の再稼動は必要であるといえます。

もう一つ、正に誤解を生んでいるのが、節電と省エネルギーの効果も在るでしょうが、何とか計画停電にならずに各電力会社が努力したのを、全く度外視した議論があることです。

「元々原子力が無くても、このように乗り切ることが出来たではないか」よって、早々に脱原発すべきだと云う意見です。

これは、とんでもない主張です。前掲した澤　昭裕氏の「精神論抜き電力入門」には、

第７表　電力会社別40年以上の老朽化火力発電所の割合

（出所：電気事業便覧）

電力会社	LNG		石炭		石油		計		割合（%）
	出力計（1,000kw）	40年以上（1,000kw）	出力計（1,000kw）	40年以上（1,000kw）	出力計（1,000kw）	40年以上（1,000kw）	出力計（1,000kw）	40年以上（1,000kw）	
北海道	0	0	2,250	350	1,798	0	4,048	350	8.6
東　北	6,106	600	3,200	0	1,900	950	11,206	1,550	13.8
東　京	26,265	5,385	1,600	0	10,780	5,230	38,645	10,615	27.5
中　部	14,779	1,910	4,100	0	5,090	3,190	23,969	5,100	21.3
北　陸	0	0	2,900	500	1,500	250	4,400	750	17.0
関　西	6,932	450	1,800	0	8,175	900	16,907	1,350	8.0
中　国	2,025	0	2,590	331	3,150	1,050	7,765	1,381	17.8
四　国	646	0	1,106	406	2,045	570	3,797	976	25.7
九　州	4,095	0	2,460	0	4,625	1,250	11,180	1,250	11.2
沖　縄	0	0	752	0	981	170	1,733	170	9.8
合　計	60,848	8,345	22,758	1,587	40,044	13,560	123,650	23,492	19.0

三つほど脱原発で火力発電になったための悪影響を挙げておりますが、私も同感でありそれを参考にしながら要旨を紹介しておきます。

第一は、政府の試算によっても二〇一二年度の火力発電用燃料費の増加は、約三兆円～三・四兆円と予測されており、それこそもったい無い話ですが、この分が電力会社から中東の産油国に流れていきます。

原子力のKWhが、日本のいわゆる一次エネルギー全体に占めるウエイトは、概ね十五%（石油カロリー換算）ですので、石油に換算すると概ね八千万トンに当たります。この八千万トンを、原子力さえ動かしていれば余計に買わなくて済むのに、万一事故が在ったら怖いからと言って我慢しているわけです。

この我慢代のツケは、当然電気料金の値上げになるのです。

第二は、先ほどの澤氏の計算ですが、三兆円を単純に電気料金に上乗せすると1KWh当り三・七円になると言います。これは、現在仮に毎月一万円の電気代を支払っている家庭では、十八・二%上昇して一万二千円になると書いています。

また、毎月二十五万KWhを使っている中小企業では、産業用の電気料金が三十六%上昇し毎月七十五万円余計に支払うことになると言うのです。

澤氏は、新人社員を二、三人雇えるお金が、脱原発のために失われると述べています。第三には、電気は生活必需品のようなものですから誰でも一定量を使用せざるを得ません。すると、どうしても所得の低い人ほど、負担が大きくなるわけです。こうした、低所得者に対する逆進性があることを挙げております。

先ほどの毎月一万円の電気料金を支払っている家庭の方の所得は、五千円しか払っていない家庭の所得よりも常識的には多いと思いますので、どうしても値上げが膨らんでいくと、低所得の人の負担が重くなっていくわけです。

このように、脱原発の悪影響は国民全員に大きな迷惑を及ぼすことになります。

2・膨大なCO2対策費の増加による悪影響

この点は、前掲した私の「電気の正しい理解と利用を解いた本」（財界研究所）に取り上げて置きましたが、これももう一度分かり易く説明しておきます。

現在と言っても、原子力が正常に発電していた二〇一〇年の数字ですが、わが国の全発電所すなわち水力・火力・原子力・再生可能エネルギー（太陽光、風力、バイオ、地熱など）の発電所の合計設備量は、一億三千万KWです。この巨大ないわば工場が生産する電気という商品は、ＫＷｈ（電気使用量）で著されます。

その数字は、年間九千二百億ＫＷｈです。このうち原子力発電所から生産された分は、二千七百億ＫＷｈすなわち全体の二十七％でした。

←

二千七百億ＫＷｈは原子力だから↓ＣＯ２はゼロです。

←

しかし、原子力が脱原発で、二千七百億ＫＷｈが全て火力発電で生産されることになると、石油換算で約八千万トンを使うことになります。

←

〈炭酸ガス（ＣＯ２）の発生量一ＫＷｈ当り七百グラム〉

←

二千七百億ＫＷｈから一・八九億トンのＣＯ２が発生することになります。

二〇一〇年度の日本全体のＣＯ２発生量は十四・五億トンでした。これに上記の脱原発によって増えるＣＯ２の一・八九億トンを加えると、十六・三九億トンと十三％増える勘定です。

これは大変な問題だと言うのは、鳩山元首相が国連で約束した一九九〇年比マイナス二十五％削減の数字があるからです。とんでもない無茶苦茶な思い付の数字を約束したとしか考えられません。

すなわち、わが国の一九九〇年のＣＯ２発生量は、十二・六億トンでした。それを、二十五％下回る数字に、日本のこれからの排出量を抑えると述べたのです。

↓

すなわち（十二・六×二十五％↓三・一億トン）↓　九・五億トンに抑えると述べたわけです。

ところが、上述のようにＣＯ２の発生量は、二〇一〇年の時点で実際には十四・五億トンに約一割近く増加しております。

したがって、九・五億トンとの差は、五億トンにもなります。それに、脱原発分の一・八九億トンが加わりますから、実質六・八九億トンも削減しなければなりません。

すなわち、十六・三九億トンから九・五億トンを差し引くと、何と六・八九億トン（▲四十二％）になる勘定です。炭酸ガスを、鳩山元首相は驚く無かれ四割以上も減らすと約束してしまったのです。公言した以上は、日本は国際的義務を果たさなければなりません。

政治家のいい加減な発言が、これほどの悪影響を及ぼしていると本人は自覚しているのでしょうか。

とても節電や省エネルギーを、日本人が懸命に遣ったところで、火に油を注ぐようなものです。

したがって、早く少なくとも脱原発を止めないことには、地球環境の悪化を日本が加速する役割を担うことになるだけです。

それにも拘わらず、一体どう言う心境なのでしょうか。この人は、今度は国会議事堂の前で、デモ隊の先頭に立って脱原発を訴えておりました。

これまで日本は、アジアの唯一の先進国として、東南アジアを中心に新興国の人たちから畏敬の念を持って誇られて来ました。それは、単に経済成長と技術革新に勝れていたということだけではなしに、倫理道徳において責任ある態度を取ってきた面があるからです。

「おしん」に象徴されるような日本の映画や、それに漫画が持て囃されるのは、そこに日本人の義侠心とか正義感が、描かれているからだと言う見方があります。

そうしたことを、前提にして考えると、今回の日本を打ち壊すような脱原発は、ＣＯ２

の約束をも破りかねない由々しい問題に繋がる、とても大きな悪影響を与えるものと思われます。

もう一つ、重要な問題が残されています。それは、鳩山元首相が約束した一九九〇比、マイナス二十五%にわが国のCO2を削減していくとすれば、とても国内の努力では不可能です。よって、どうしても排出権を海外に求めざるを得ません。

現在EU内の取引価格がかなり変動していますので、正確な予測は出来ませんが、トン当たり二百五十円とも五百円とも言われていますので、仮に脱原発分のCO2増加量約二億トンを排出権で処理すれば、最大で一千億円を毎年支払わざるを得ません。

十八年後の二〇三〇年に原発ゼロを主張する方は、おそらくこれからも原発を動かしたくないのでしょう。そうすると、十年間で一兆円、十八年後には二兆円近いコストを日本は負担していくと言う覚悟をしなくてはならないのです。

第三節　再生可能エネルギーへの取り組みが生む社会経済への悪影響

脱原発を基調に、エネルギー政策を組み立てようとする現政権にとって、最も重要な柱は再生可能エネルギーへの期待であります。市民との対話と称する「環境とエネルギーに関する懇談会」を主要都市で行った際も、そのことを非常に重視しておいました。

例えば、今年六月二十九日のエネルギー・環境会議で決定したと言う、「エネルギー環境に関する選択肢」と言うペーパーに示された、二〇三〇年に原発ゼロか、十五%か、或いは十五〜二十五%かと言う選択肢に於いても、第八表に示した通り、いずれも再生可能エネルギーの比率を、最低でも二十%出来れば三十五%にもしたいと言う数字が並んでおります。

無資源国日本の立場と言うことを基本に考えますと、再生可能エネルギーと言うものが、わが国に取って一つの手段であることを否定するつもりはありません。

しかし、戦前から長い間に亘って日本人は生きるために、無くてはならないエネルギー資源の一つに、これまで再生可能エネルギーのことが、殆ど大きく出てこなかったのには幾つかの大きな理由があるからです。

少なくとも、次の五つぐらいの理由があります。

第一は、狭い国土に一億人も人が住んで居り、少量発電では足りないこと

第二は、気象の変化が激しく稼動条件が悪すぎること

第三は、建設コストも高く高価格になること

第8表　脱原発 2030 年における三つのシナリオ(2010 年との比較)

	2010 年	ゼロシナリオ		15 シナリオ	20 ～ 25 シナリオ
		追加対策前	追加対策後		
原子力比率	26%	0% (▲25%)	0% (▲25%)	15% (▲10%)	20 ～ 25% (▲5 ～▲1%)
再生可能エネルギー比率	10%	30% (+20%)	35% (+25%)	30% (+20%)	20 ～ 30% (+15 ～ 20%)
化石燃料比率	63%	70% (+5%)	65% (現状程度)	55% (▲10%)	50% (▲15%)
非化石電源比率	37%	30% (▲5%)	35% (現状程度)	45% (+10%)	50% (+15%)
発電電力量	1.1 兆 kWh	約 1 兆 kWh (▲1 割)	約 1 兆 kWh (▲1 割)	約 1 兆 kWh (▲1 割)	約 1 兆 kWh (▲1 割)
最終エネルギー消費	3.9 億 kl	3.1 億 kl (▲7200 万 kl)	3.0 億 kl (▲8500 万 kl)	3.1 億 kl (▲7200 万 kl)	3.1 億 kl (▲7200 万 kl)
温室効果ガス排出量(1990 年比)	▲0.3%	▲16%	▲23%	▲23%	▲25%

※比率は発電電力量に占める割合で記載。
括弧内は震災前の 2010 年からの変化分。

第四は、発電の場所が得にくいこと

第五は、日本列島の美しい景観を壊すこと

こうして挙げて見ると、どの理由もなるほどと頷けるものです。

それが突然可能に成り出したのは、三十九年前のオイルショックで石油や天然ガスなどの燃料コストが高騰し始めたからです。そして、それに拍車を掛けたのが、二十年前から始まった地球温暖化の原因と言われる、炭酸ガス（ＣＯ２）の抑制が国際社会を挙げて必要だと言われるようになったためです。

今まで、再生可能エネルギーといわれる太陽光パネルや風力発電をはじめ、日本列島には確かにこうした新エネルギーを育てる、インセンティブが湧いて来なかったのに、今ではそれがごく当たり前のような可能性を主張し、遂に政府は「全量買取り」を電力会社に義務付ける法律を通しました。すでに、この七月から実施に移っています。

しかし、本当に再生可能エネルギーをこうした遣り方で、どんどん普及していって良いのでしょうか。今でも、上述の日本列島に再生可能エネルギーが余り向いていないように思います。やはり、無資源国日本のメインのエネルギーの主体は、原子力発電であることを以下の分析で、みなさんが確かめていって貰いたいと思います。

1・再生エネルギーが国土条件に合致していないための悪影響

この問題を取り上げると、必ず太陽光や風力発電の推進者の多くは、ヨーロッパのドイツやアメリカなど先進国の事例を挙げられます。

第九図で見るとおり、確かに世界中で開発が進んでいる状況が覗えます。

太陽光については、ドイツやスペインが先駆けており、風力もドイツ、アメリカ、インド、スペインが開発先進国ですが、国土の広い中国はそれ以上に風力発電に力を入れているようです。

しかし、よく考えなければならないのは、今挙げたような国々とわが国との国土条件の違いを見る必要があります。

先ず風力発電についてですが、中国やアメリカやインドなどは国土もわが国の二十倍以上と広く、正に国土の気象条件にも恵まれているからです。ドイツやスペインも、人口比で見ると少なくとも日本の一人当たり三、四倍の面積を保有しています。太陽光発電も、殆ど同じことが言えます。

そこで日本の場合ですが、以上のような国に比べモンスーン地域のわが国は、気象の変化が激しく、地震・台風・雷がしょっちゅう在って、どうしても「不安定」な電気エネルギーになってしまうのです。それに、稼働率が十～二十％程度では採算が到底合わないのです。

それに上述したように、開発コストが高くて事業を興すことが不可能でした。最近推進論を述べる方々の中に、ドイツのように早くから政策的に手掛けていなかったのは、日本の怠慢だとの主張がありますが、それは全く実情を弁えていない発言です。

このように恰も、日本の取り組みが原子力に偏りすぎたような印象を与える発言が故意に成され、かつ再生可能な自然エネルギーがどんどん開発出来そうな雰囲気が作られ出しましたが、その悪影響は以下述べるようにとても恐ろしいことになりそうです。

それに、もう一つとても重要なことを述べておきます。

それは、再生可能エネルギーの開発が重要視されるようになったのは、何も３・11の東日本大震災が起きて福島原発が事故を起こし、脱原発が主張されるようになったからでは無いということです。

それは、わが国が原子力を準国産エネルギーの柱として掲げる意味が、正に地球温暖化に応え貢献すると言う、「国際貢献」の道筋を明確化したことと連動しております。石油

第９図　世界主要国の太陽光、風力発電導入状況

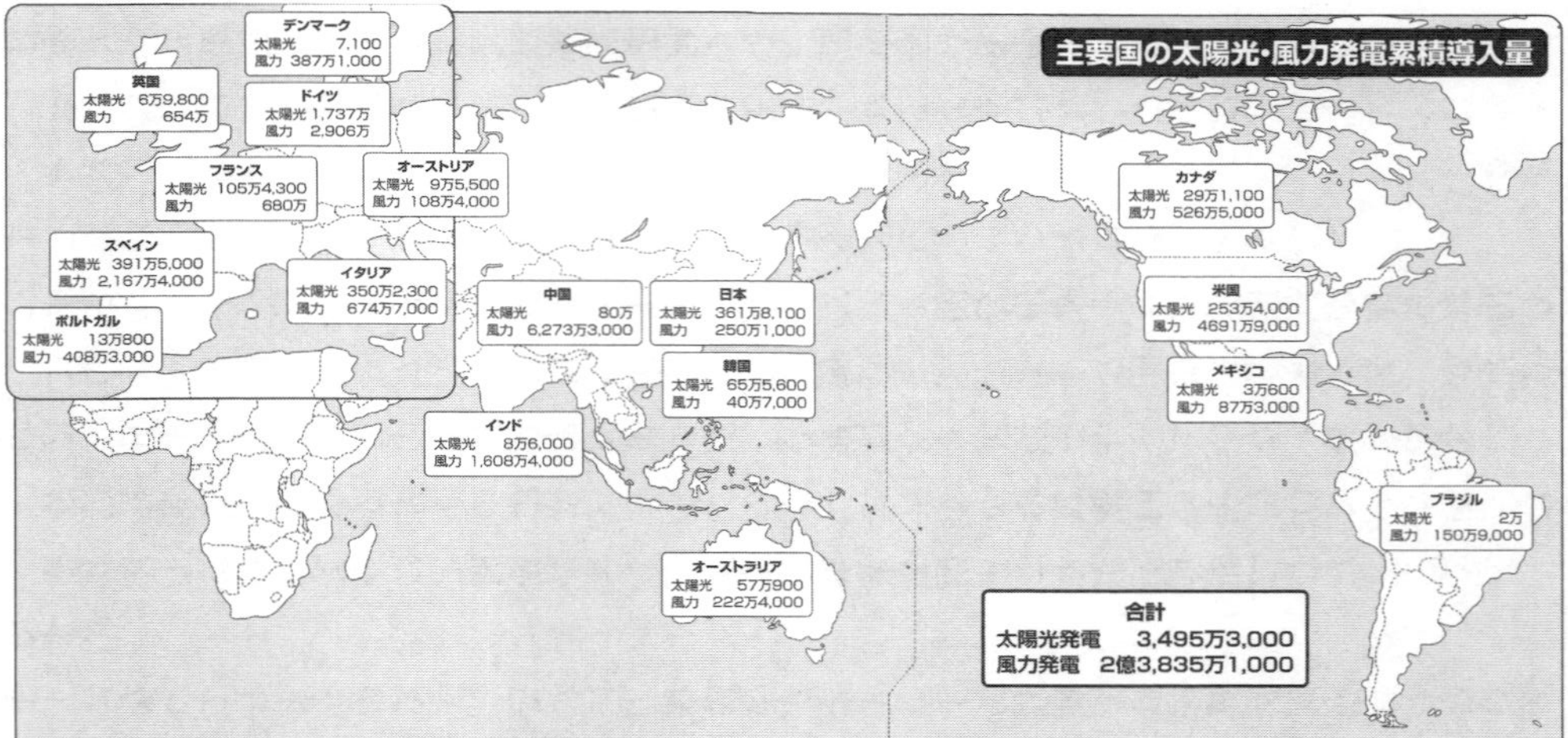

（注）単位：キロワット、太陽光はIEA-PVPS（2010年末、英国、インドは推計）、風力はGWEC（2011年末、中国、フランス、メキシコは暫定値）調べ

価格が一層高騰し、再生可能エネルギーも何とかコスト的に採算が合うようになったことから、無資源国日本でも原子力の補完として地域的に役に立つ電源であると考えられました。その上で、省エネルギーのためのスマートメーターとも連動して、事務所ビルや工場や一般家庭に特に、太陽光パネルによる発電の普及が喧伝されていきました。

だから、再生可能エネルギーは、地域社会に役立つ分散型電源と言う役割だったのです。


ところが、大震災後脱原発が主張されるようになると、政府は上述のように少なくとも三割を再生可能エネルギーで日本の電力を賄うことを、基本政策で打ち出しております。

これは、大変な悪影響です。何故なら三割と言う数字は、決して地域分散型の補完電源とは違って、私たちが無くてはならない電気のメイン電源となるはずです。その電気が、何千万戸と言う無数の太陽光パネルや風力発電やバイオ発電などから供給されることに成ります。

ぞっとしませんか。パソコンももちろんですが、いろいろな中小企業の工場の自動機械や病院やクリニックの機器などが、電圧や周波数の変動で停止するような事態が生じたら大変なことになります。

安定的な電気を、何故そうしたものに転換しなくてはならないのか。国民のみなさんが、政治やマスメディアの放射能さえなければよい、と言うような主張を一方的に信じるのではなく、そうしたトラウマから是非とも抜け出して、今こそ大変なことに成らないようにお考え頂きたいと思います。

2・再生可能エネルギーの全量固定価格買取制度が生む悪影響

何故このような、危険で市場メカニズムを全く無視した法律が簡単に成立し、すでにこの七月から導入実施されるようになったか不思議でなりません。

この制度導入に貢献した専門家や学者、それに経営者やそして政治行政のトップである総理大臣や与野党の政治家などは、押し並べて電力の自由化と言う市場メカニズムを強く主張している方々です。電気をメインに事業とする電力事業は、元々公益的事業ですから水や主食と同じように、低れんかつ安定的に消費者である国民に提供されなければなりません。

このため、自由に商品を製造販売している事業とは違い、電気事業法によって種々経営や営業活動などに規制が加えられているのはそのためです。市場競争に全面的に曝すと、電気の安定かつ安心供給に支障を来たす恐れがあるからです。

ご存知でしょうか。それに電気と言う商品は、第十図と第十一図にあるように、みなさんが注文して電気を生産して貰い購入するまでに、何と一秒間に三十万ｋｍすなわち地球を七周り半もする猛スピードで、電子イオンと言う生きた品物を届けて貰っているのです。だから、電気を運ぶための送電線だけを切り離そうと言うような、市場競争には適しないことで利益を挙げるとか、コストが下がるとか言うものではないのです。

ところが、不思議なことにこうした電気事業の市場化すなわち自由競争をさせようと主張する人たちが、全く逆の市場競争をしないで済む再生可能エネルギーの固定価格全量買取制度を主張し、何故か現政権の元ですんなりと制度化してしまいました。

では何故、この七月から施行された再生可能エネルギーの全量固定価格買取制度が問題なのか。それを以下具体的に述べてみます。

その前に先ず、今までの似たような制度がありました。それは、新エネルギーすなわち再生可能エネルギーを開発促進するための、ＲＰＳ法（電気事業者による新エネルギー等の利用に関する特別措置法）と言う制度があり、電力会社は自主的に太陽光発電や風力や地熱発電等に取り組んで来ました。

第１０図　電気を購入するための五段階の仕組み

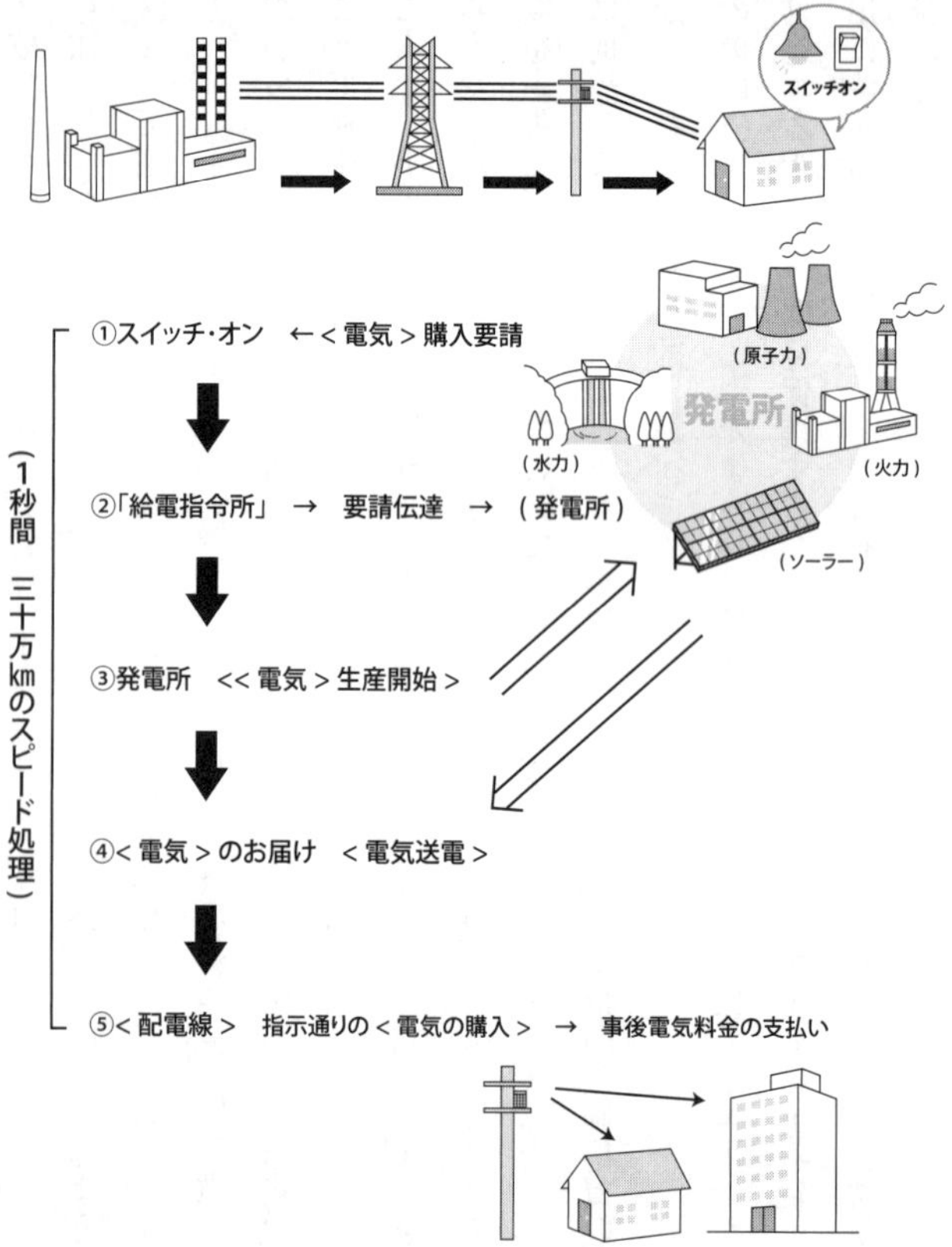

第１１図　電気と云う商品とコンビニエンスストア等で買う商品の違い

◎コンビニエンスストアで買う商品

製品として売る　→　見える(死んでいる)

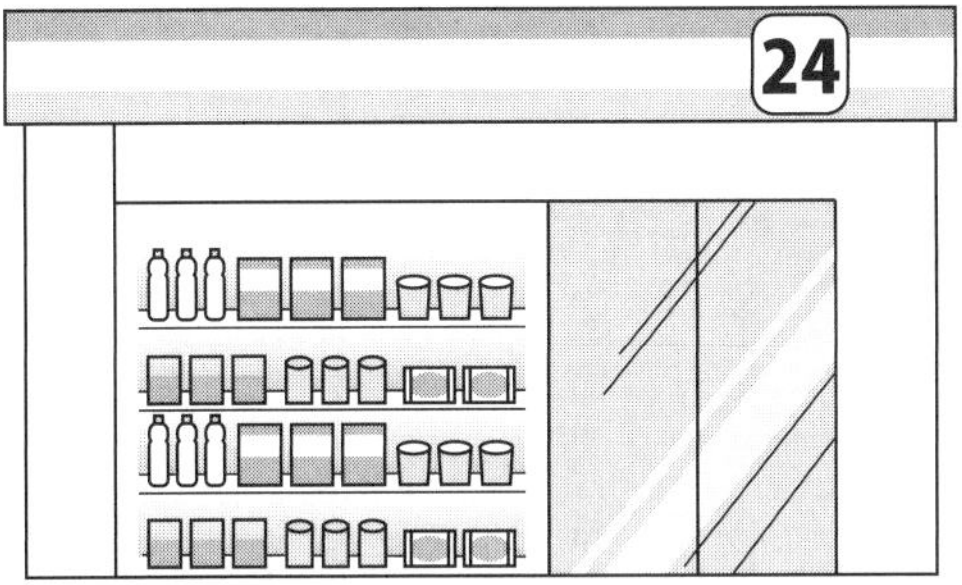

◎発電所で生産した「生きたエネルギー」を商品として買う。

イオン電子エネルギーを売る　→　見えない<電気>は、生きている

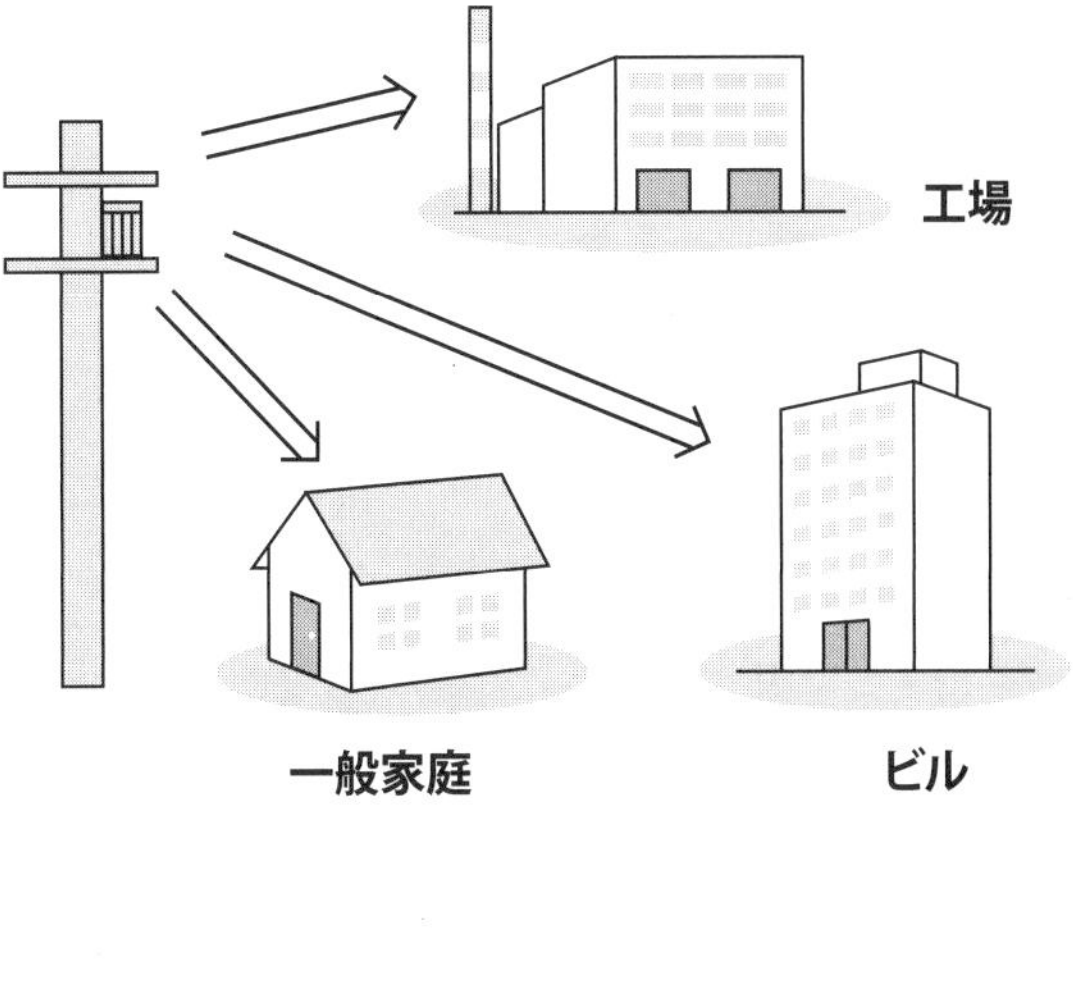

だが、この制度の基では電力会社は自主的に行うのが原則ですので、それを別途電気料金に乗せてコストを転嫁することは出来ませんでした。

ところが、今回の全量固定価格買取制度では、買い取りに拘わるコストは全額そっくり電気の購入者に「そのまま転嫁できる」ことが前提になりました。

しかも第九表①と②に示したようにすでに、買い取り価格も設定されており、何れの個人の家庭を含め種々の事業者から申し込みがあっても、電力会社は法律に基づき全量指定されている価格で買取り、電力会社が自ら発電した電気と一緒に販売していく義務を持たされました。

ご存知の通り、今のところ電気は備蓄が出来ませんので、個々の再生可能エネルギーを販売する人から「買って下さい」と申し込まれたら、自動的に「分かりました」と言って、決められた値段（例えば太陽光の十KW未満の方からの申し込みなら、四十二円／KWh）で購入し、直ちに誰かに販売しなければなりません。

もちろん販売する時には、普通の電気料金で売るわけですからどんなに高くても十二円／KWh程度の料金でしょう。だから、電力会社が強制的に買わされる再生可能エネルギーの生産者は、少なくとも三、四倍の値段で売れると言う大変なメリットがあると言うこ

第9表①　2012年度の再生可能エネルギーの導入量見込み

	2011年度時点における導入量（出力ベース）	2012年度の導入見込み（出力ベース）	買取対象の電力量
太陽光（住宅）	約400万ｋＷ	＋約150万ｋＷ（2011年の新規導入量110万ｋＷの4割増）	約32億ｋＷｈ（現行の余剰買取制度での買取量を含む）
太陽光（非住宅）	約80万ｋＷ	＋約50万ｋＷ（事務局の把握情報より）	約5億ｋＷｈ
風力	約250万ｋＷ	＋約38万ｋＷ（直近の年間導入量から5割増）	約7億ｋＷｈ
中小水力（1000ｋＷ以上）	約935万ｋＷ	＋約2万ｋＷ（事務局の把握情報より）	約1億ｋＷｈ
中小水力（1000ｋＷ未満）	約20万ｋＷ	＋約1万ｋＷ（直近の年間導入量から5割増）	約0.5億ｋＷｈ
バイオマス	約210万ｋＷ	＋約9万ｋＷ（直近の年間導入量から5割増）	約5億ｋＷｈ
地　　熱	約50万ｋＷ	＋0万ｋＷ	約0億ｋＷｈ
計	約1,945万ｋＷ	＋約250万ｋＷ	約50億ｋＷｈ

【出典】経産省資料

第9表②　2012年度の再生可能エネルギー電源別全量固定価格買取条件一覧

電　源	買　取　区　分	買取価格（税込、円/ｋＷｈ）	買取期間（年）
太陽光	10ｋＷ未満（余剰買取を継続）	42	10
	10ｋＷ以上	42	20
風　力	20ｋＷ未満	57.75	20
	20ｋＷ以上	23.1	20
水　力	200ｋＷ未満	35.7	20
	200ｋＷ以上、1,000ｋＷ未満	30.45	20
	1,000ｋＷ以上、30,000ｋＷ未満	25.2	20
バイオ	木質バイオマス（リサイクル木材）	13.65	20
	廃棄物系（木質以外）バイオマス一般	17.85	20
	木質バイオマス一般（含 輸入チップ、ＰＫＳ）	25.2	20
	木質バイオマス（未利用木材）	33.6	20
	メタン発酵ガス化バイオマス	40.95	20
地　熱	15,000ｋＷ未満	42	15
	15,000ｋＷ以上	27.3	15

とです。第九表②に見るとおり、概ね二十年間継続して電力会社に買い取りを義務付けております。

しかし、こんな高い電気を買った電力会社は、たまったものではありまっせん。自主的に今までの法律で義務付けられてものは別として、この買取制度で強制的に二十年間も買わされた電気は、当然そのコストを何処かに付けなければ、やっていけません。

このため、この固定価格全量買取制度で、電力会社が購入した電気購入代金は、そっくりそのまま賦課金として、電気の使用者（ユーザー）に転嫁してよいと定めたのです。もちろんドイツなどの先例を参考にしたと思われます。

さてそこで問題は、どう言う悪影響が生じるかと言うことです。

第一に、再生可能エネルギーの生産者は、電気と言う商品を生産すればそのまま電力会社に買って貰えるので、こんな巧い商売はありません。おそらく早いもの勝ちで、メガソーラであろうが、風力であろうが、片や地熱、バイオ、小水力など何でも、要するに監督官庁に再生可能エネルギーだと認めて貰えば、後はどんどん生産すればするほど儲かっていくわけです。問題は、先に指摘したように全く市場競争が無いので、生産者の技術革新や合理化の努力は、おそらく行われないと言うことでしょう。

先ず指摘したいのは、このように全く競争の無い（在るのは、監督官庁の窓口への申し込みの順番争いのみ）状態ですから、技術革新とか経営者の合理化努力とかを行う必要が無いという悪影響です。

とにかく、二十年間の固定価格での全量買取制度ですので、早く申し込んで売ることが出来れば、後は固定価格で自動的に売れると言う既得権益を手に入れることが出来ます。もちろん、調達価格等算定委員会と言う制度が出来ており、そこが毎年の買い取り価格を調整することになっています。だから、毎年の技術革新などで同じ例えば太陽光でも、買取りの値段が下がっていくと思いますが、然し今年度に申し込んだ生産者は、固定価格ですので原価償却が済んで、設備コストが減っていっても収入は変わりませんので、利益がどんどん増えていくと言うことです。したがって、早く申し込んだものが勝ちだと言うことになります。

第二は、こんな高い価格を誰がどうやって決めたのかと言う問題もありますが、すでに決まった以上はこの電気のツケが、結局は全ての電気の利用者に行くと言うことです。

今年七月から始まった初年度の買い取り価格の影響は、全国平均の標準家庭で八十七円／月、中小企業の工場で約七〜八万円／月、大企業の工場で約七十〜八十万円／月となっています。

しかし、上述のように正に競争の無い誰でも電気を再生可能エネルギーと言うかたちで生産すれば、一方的に電気を高価な値段で買ってくれるので、電力会社に購入の余地さえあれば、どんどんこうした電気が増えてくるでしょう。そうなると、現在は毎月家庭で百円以下ですし、中小企業で七、八万円の月額負担ですか、おそらく五年もすると簡単に十倍すなわち家庭で千円、中小企業で七十、八十万円になりかねません。

これは、再生エネルギーだけの話ですが、実はすでに触れたように原発が殆ど停止しているため、年間三兆円ものコストを石油や天然ガスの代金として支払い、さらにＣＯ２の対策費やそのための排出権の負担等で、早晩電力各社は東京電力と同様に少なくとも、十％程度の電気料金の値上げをせざるを得なくなっています。

この負担が、同時に国民一人ひとりに降りかかってくるのです。したがって、脱原発と言う正に日本打ち壊しのようなことは、早くみんなが気付いて止めないとどうにもならなくなると思います。

3・ドイツが成功していると言う不都合な真実の悪影響

再生可能エネルギーの話になると、必ずと言ってよいほど推進者の口から飛び出すのは「日本はドイツを見習うべきだ」という話です。当然に見習うべきことはあると思います。

しかし、私がそういうことを書かれたものを見る限り、またNHKなど報道機関の画像での紹介を見た限りでは、こうした声の中には完全に次の三つのことが、故意にと言ってよいほど見落とされており、ドイツを参考にせよといわれることの悪影響の方が大きいと思います。

第一は、地続きの国で在るドイツの地域特性を考えるべきこと

第二は、フランスから大量に安い原子力の電気が購入されていること

第三は、固定価格買取制度の破綻で悩んでいること

先ず、すでにヨーロッパ全体が、通貨まで含めてEUという一つの広域経済圏になっておりますが、エネルギーや電力の供給と消費もEU指令という統一した方針にしたがって、共通の省エネルギー政策をはじめ、電力網の整備や電力市場の自由化などが、相当以前から積極的に進められてきました。各国の電気事業者が、入り乱れて企業統合とかM&Aをどんどんを繰り返しております。そういう意味でも、今ではEUの中では、国別の政策は一種の地域振興策のようなものです。

ドイツはこうして、フランスやイタリアなどとは完全に異なる地域振興策として、基幹電源の他に太陽光発電や風力発電を導入したと云うことです。その場合に、大変効果があったのが、全量固定価格買取制度であったことは言うまでもありません。その破綻については、後ほど触れます。

いずれにしても、第十二図で示した通り、ドイツの再生可能エネルギー開発に掛ける熱意は大変なものです。

しかも、ＥＵ特に中心の十数カ国は、それぞれが太い基幹電源で結ばれており、仮に不安定な太陽光や風力等の再生可能電源が、急激な変化をしても、電圧や周波数にダイレクトに影響しないような措置が取れるシステムが構築されております。

これに対し、わが国の場合はこうしたバックアップが、絶対に効かないことを抜きにして、ドイツの事例を参考にしようということは、根本から間違っていることが挙げられます。

わが国の場合は、長い列島の中で、地域別に分けてネットワークを作るしか無いといえます。したがって再生可能エネルギーのネットワークへの取り込みも、当然のことながら限界が在ると言うことです。

第二は、脱原発を計ったドイツを大きく評価し、同時に再生可能エネルギーの導入を積極的に進める姿を、とても好意的に紹介する書籍がかなり出版されたりしておりますが、そう言う書籍に限って決してこの国が、フランスやチェコから、堂々と原子力の電気を購入していることを大きく取り上げておりません。これまた不都合な真実なのです。

例えば私の手元に「脱原発を決めたドイツの挑戦―再生可能エネルギー大国への道」熊谷徹著（角川ＳＳＣ新書）と言う本がありますが、最後の短い文章の中でメルケル首相が、フランスとチェコからの原子力の電気の輸入は今後行わないように、完全に自立出来ると述べたことを紹介しています。しかし、現実には三割以上の輸入をしていることは事実ですし、ドイツの電気料金の安定化のためにコストの安い原発の電気は、ドイツに取っては今後の必需品で在り続けると思われます。

第三は、ドイツの固定価格買取制度の破綻です。これは、ごく最近のニュースであり、各方面で取り上げられておりますので、目新しいことではありません。

しかし、これは事実であり、同じような制度を決め、この七月から始めたばかりのわが国において、是非反省材料として取り入れ、早めに先ほど述べたような苦労せずに、高い利益を貪る事が出来るような制度を、是非中止するぐらいのことをして貰いたいと思いま

第１２図　ドイツの再生可能エネルギー発電量の推移

■ドイツは再生可能エネルギー発電量が着実に増加。特に、太陽光発電については、買取価格を約３割（４３．４ユーロセント/kWh から５７．４ユーロセント/kWh ）引き上げた２００４年以降本格的に導入拡大。

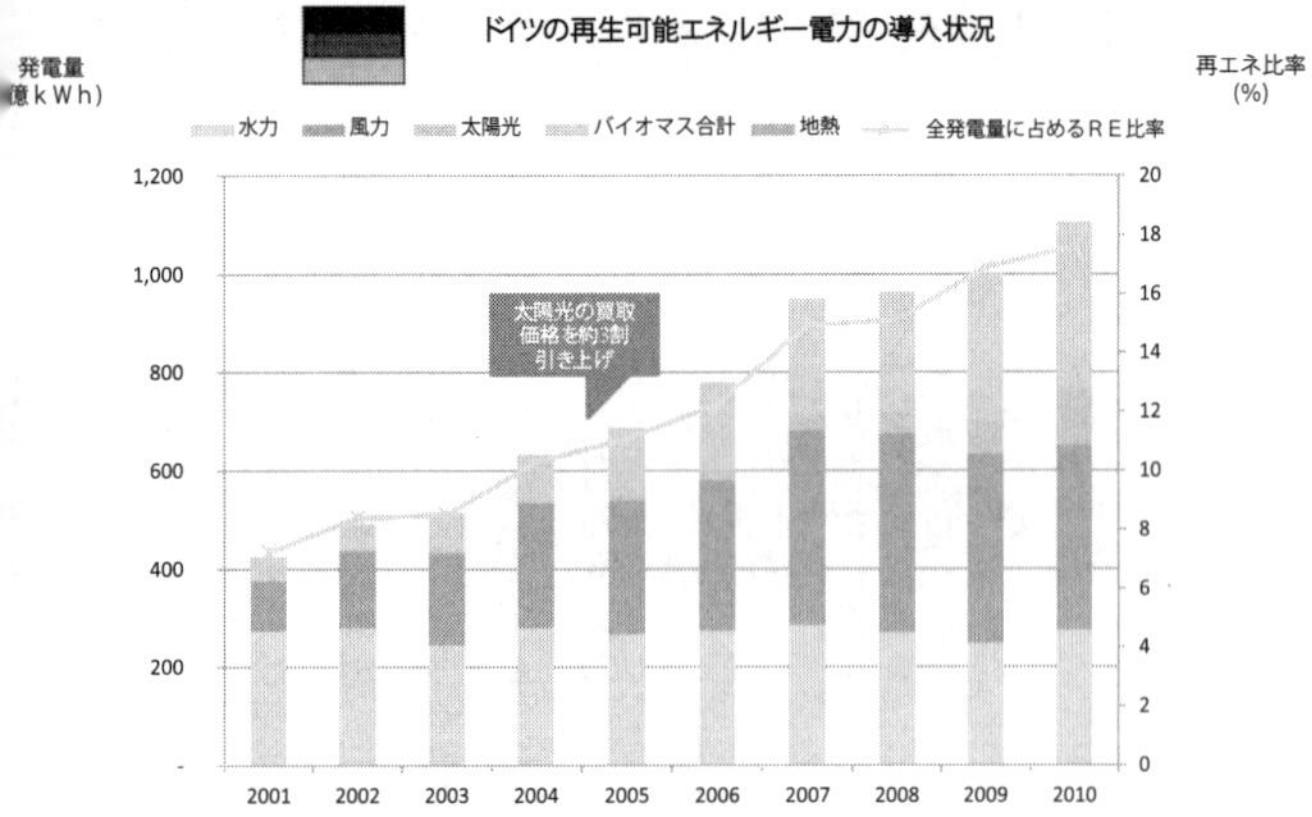

出所 :ドイツ連邦環境省(ＢＭＵ)

す。

第十表①と②に、ドイツとスペインの再生可能エネルギーについての、固定価格買い取り制度の需要家負担額の推移を示しておきました。ご覧の通り、スペインでは十年間で当初の負担額が四倍に、ドイツでは十倍になっております。

わが国の場合は、二十年間変えなければ、おそらく需要家の負担額はもっと影響していくことが考えられます。

ちなみにドイツでは、最近になって固定価格全量買取制度を見直す動きが出てきており、議会に法案が出されているとのことです。全量買取を見直すことと、買い取り価格を一般の電源コスト並みにしようと言う方向です。

参考までに示しますと、次の第十三図で見る通り、買い取り価格による負荷金額が毎年増加し、両国共にこの十年間で当初の十倍以上に増加してしまったと言うことです。

第１０表①　ドイツの再生可能エネルギー固定価格買取制度一覧

2012年 ドイツの買取価格(ユーロセント/kWh)

		出力区分等	買取価格	買取期間
太陽光	屋根設置	0〜30kW	24.43	20年
		30〜100kW	23.23	
		100〜1000kW	21.98	
		1,000kW〜	18.33	
	平地設置	転換地等*1	18.76	
		その他用地	17.94	
風力	陸上風力*2	0〜5年目	8.93	20年
		6年目以降*3	4.87	
	洋上風力*4	0〜12年目	15	
		13年目以降	3.5	
水力*5		0〜500kW	12.7	20年
		500〜2000kW	8.3	
		2000〜5000kW	6.3	
地熱*6			25	20年
バイオマス*7		＜150kW	14.3	20年
		150〜500kW	12.3	
		500-5,000kW	11	
		5,000〜2万kW	6	

出所：日本エネルギー経済研究所「海外における新エネルギー等導入促進政策に関する調査」より資源エネルギー庁作成

第１０表②　スペインの再生可能エネルギー固定価格買取制度一覧

		出力区分等	買取価格	買取期間
太陽光*1	建物一体型	〜20kW	26.62	30年
		20-2000kW	19.32	
	地上設置型	〜1万kW	12.17	
風力*1	陸上風力	0〜20年目	8.127	-
		21年目以降	6.7921	
	洋上風力*2	0〜25年目	7.3425	
		26年目以降	6.6083	
水力		〜1万kW（0〜25年目）	8.6565	-
		（26年目以降）	7.7909	
地熱		0〜20年目	7.6467	-
		21年目以降	7.2249	

(＊1) ただし、太陽光、風力発電は買取価格適用の稼働時間に制限あり
(＊2) 洋上風力は設備容量に応じて買取価格が異なるが、上記は50MW以上の場合

出所：エネルギー経済研究所「海外における新エネルギー等導入促進政策に関する調査」より資源エネルギー庁作成

第１３図　ドイツ、スペインの固定価格買取制度による需要家負担額推移

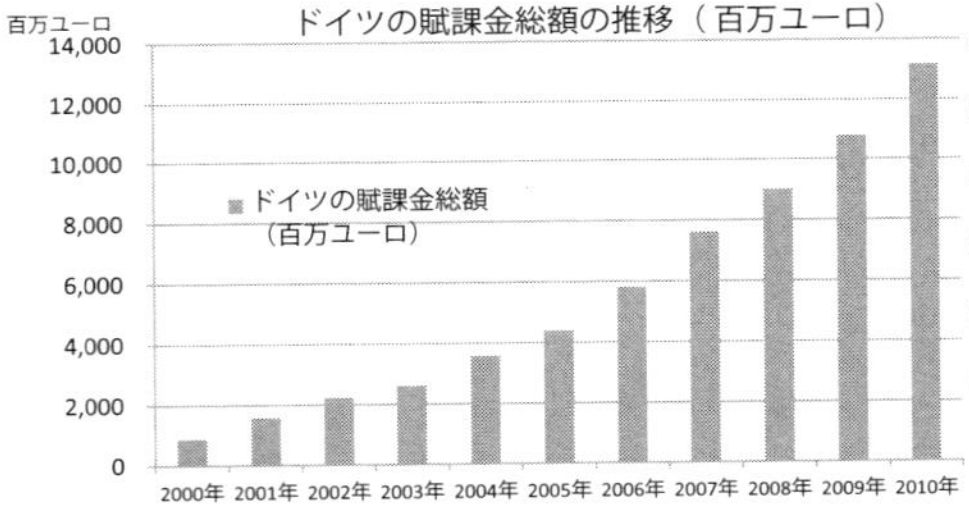

（出所）ドイツ連邦環境省、「DevelopmentRenewable Energy Sources in Figures」より資源エネルギー庁作成

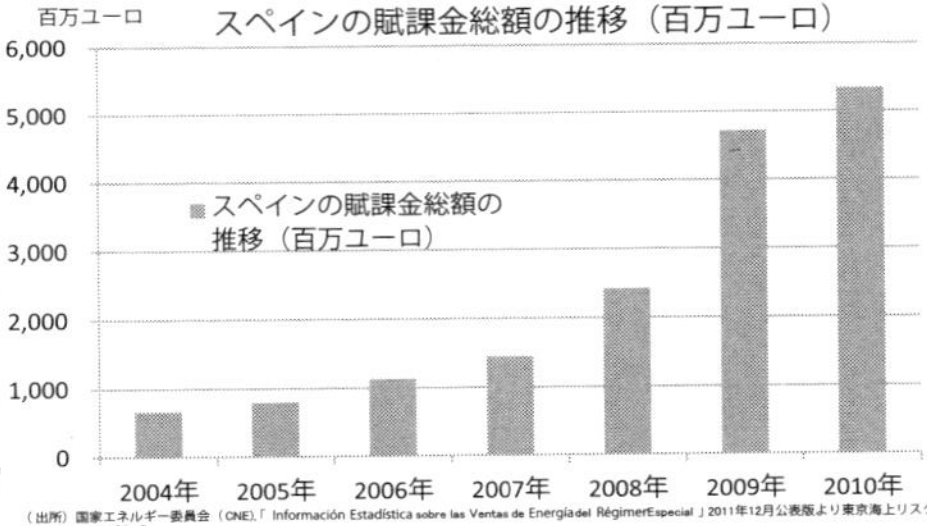

（出所）国家エネルギー委員会（CNE）,「Información Estadística sobre las Ventas de Energía del RégimerEspecial」2011年12月公表版より東京海上リスクコンサルティング作成
（注）再生可能エネルギー由来の電源の買取によって生じるサーチャージ負担の総額であり、廃棄物やコージェネレーションの買取に要する費用は含まれていない。

一般家庭の電気料金及びサーチャージ負担の国際比較

	日本（2011）	ドイツ（2009）	スペイン（2009）
一般家庭の電気料金	78ドル/月	97ドル/月	64ドル/月
一般家庭のサーチャージ	0.15ドル/月 （住宅用太陽光発電の余剰電力買取制度による負担）	5.4ドル/月 （参考）2011年:14.7ドル/月	5.7ドル/月 （別途、買取総額の３～５割にあたる未回収分が存在。配電会社に赤字が発生。）
サーチャージ単価	0.05セント/kWh	1.8セント/kWh （参考）2011年:4.9セント/月	1.9セント/kWh

参考）本資料で分析対象とした電気料金データについての注記について
・各国における１家庭の月当たり電力購入量は300kWh/月と仮定して推計。
・日本の電気料金及びサーチャージ単価は１ドル=80円と仮定しドルに換算。日本のkWh当たりの電気料金は電力調査統計、電力需要実績確報、四半期報告書より。
・ドイツ、スペインのkWh当たりの電気料金はOECD/IEA "Energy prices and taxes 2011" を使用。
・ドイツのサーチャージ単価は、ドイツ連邦環境省「Electricity from Renewable Energy Sources : What does it cost?」のデータより1ドル=0.72ユーロ（2009年実績）として推計。
・スペインのサーチャージ単価は、スペインについては、公表データがないため、ＣＮＥ"Spanish Energy Regulator's Annual Report to the European Commission 2010"及びＣＮＥ"Boletin Mensual de Indicadores Electricos y Economics,Febero 2010"より、1ドル=0.72ユーロ（2009年実績）として推計。
スペインについては、2009年の負担額しかデータを取れなかったため、2011年の負担額を記載していない。

第三章　トラウマを無くすための秘訣

脱原発は、日本という国を取り壊すようなもので、とても危険なことだと言う実例を種々取り上げてきました。

そこで最後には、トラウマすなわち精神的外傷の基になっている放射性物質とのわれわれ人間との付き合い方について、もっと怖がらないで済む方法を考える必要があります。

そのためには、第一に先ずは「放射性物質とは何か」を徹底究明していく必要があります。

その上で、どうしても日本の厳しい基準を、グローバルに活動しなければならない日本人のこれからの行動を認識した上で、特に水や食料に関する放射線の管理基準を、世界の標準的な基準値に緩める必要があります。

そうすることで、私共がトラウマから早く抜け出せるように、積極的に努力していくべきだと思う次第です。

第一節　放射性物質とは何かの徹底検証

1・放射線とは何かを先ず知ることから始めよう

放射性物質とか放射線とか、あるいは被曝線量などという言葉が出てくると、もうなかなか理解できないとよく言われます。またどう言う基準値だったら安心ですかと言いながら、現実には基準値よりさらにそれ以下のものでないと安心しないと言います。

この四月に小宮山洋子厚生労働大臣が、わが国の食料品について野菜類などの放射性物質の基準値を五百ミリベクレルから百ミリベクレルに改めるという決定を発表しました。（ベクレルのことは、直ぐ後で説明します）〈第２表参照〉

国会答弁での大臣の思いと主張は「日本の食品はこれだけ生鮮で綺麗であることを、外国の方にも分かって貰えると思います」と言うようなことでした。

ところが、わが国のご婦人方はそうは採らないのです。

「やっぱり危険だから、基準値を下げたのでしょう。そうすると、百ベクレルでも危ないかもね」と言う具合になり、逆に悪影響が生じると言う次第です。

これが、正にトラウマ（精神的な外傷）の実態です。

しかし、こうした問題は物凄く専門家でないと、とても手に負えないということでは決してないと思ってください。私たちは、今まで放射性物質などということを、よく知らなかったと云うのが正直な話ではないでしょうか。

ところが、あれだけトップの首相まで一緒になって騒いだのですから、何となく怖いのです。

放射線の話の中には、よく「ベクレル」と「シーベルト」と云う言葉が出てきます。「ベクレル（Ｂｑ）」とは、放射性物質と言われる元素が《一秒間に何回放射線を出すか》と云う、その元素が持つ放射線の量的な数、すなわち放射線の強さを表す単位です。例えばお線香の火は、直接触れれば熱いですがマッチで点けても別に人体に影響はしません。ところが、ガソリンをタンクから撒いてライターで火を点けたら、ぼっと燃え上がり身の危険を感じます。ベクレルとは、そうした状況と同じで、一秒間に放射線を出す数が多いか少ないかで、それぞれの放射性物質の強さを表すものです。

一方「シーベルト（ＳＶ）」とは、私たちすなわち人体がその放射線を口や鼻や体の毛穴などから、体内に吸収したときの影響の度合いを表す単位です。

第十四図と第十五図に「放射線に関する単位」と「自然放射線の場所によるレベルの違い」を示しておきます。

したがって、とても弱い放射線なら全く問題はないし、逆にとても強い放射線でも以下に示すような「三つの手段」を講じれば、体に受ける影響力をずっと少なくなります。

これについては、私は何時も次のような事例を出します。

第１４図　放射線に関する単位

名　称	単 位 名（記 号）	定　義
放射能の単位　国際単位系（SI）		
放射能	ベクレル（Bq）	１秒間に原子核が崩壊する数を表す単位
放射線量の単位　国際単位系（SI）		
吸収線量	グレイ（Gy）	放射線が物や人に当たったときに、どれくらいのエネルギーを与えたのかを表す単位 1 Gyは 1 kgあたり1ジュールのエネルギー吸収があったときの線量
線　　量	シーベルト（Sv）	放射線が人に対して、がんや遺伝性影響のリスクをどれぐらい与えるのかを評価するための単位 （1シーベルト＝1000ミリシーベルト）
エネルギーの単位		
エネルギー	エレクトロンボルト/ 電子ボルト（eV）	放射線等のエネルギーを表す単位 （$1eV=1.6\times10^{-19}J$）

第１５図　自然放射線レベルの違い

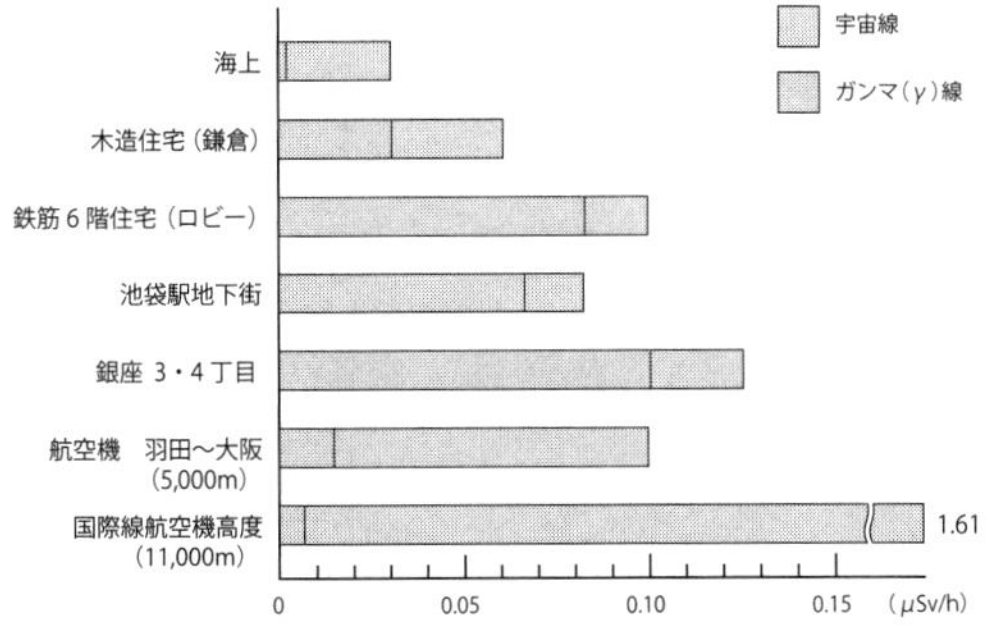

※1μSv＝1/1000 mSv
1μSv/h＝365日×24時間×1/1000＝8.76 mSV/年

例えば、私たちのずっとずっと祖先の人たちが、燃えている「火」に最初に出会ったと言うことを考えて見て下さい。

第一に、おそらくその火は危ないと思えば、彼らは出来るだけ遠くに遠ざかったことでしょう。最初は、その火が見えなくなるまで遠ざかったと思います。

↓《距離をおくと怖くない》

第二に、もう一度近寄って見るととても熱いので、板のようなものを持ってきてその火を遮ったら、熱くないことが分かりました。

↓《遮るものが在ると大丈夫だ》

第三に、祖先の人たちは、ずっと燃え続けているので怖いと思ったでしょう。ところが、長い時間見張りをしているうちに、段々火が小さくなって最後には消えました。みんな、安心しました。

↓《時間が経てば、消えて怖くなくなる》

こうして、先祖の人たちは「火」は、本当に怖いけれども三つのことを守っていれば、危険は無いことを知ったのです。

①ある程度距離を置くと大丈夫だ。

②遮るものが在ると大丈夫だ。
③時間が経てば大丈夫だ。
この「距離」「遮蔽物」「時間」と言う三つのことは、正しく放射線についても同じことが言えるのです。
最近日本経済新聞に北九州に在る産業医科大学の岡崎龍史さんと言う先生が、福島の被災地で「被曝ガイド」と言う本を作成し、とてもわかりやすく放射線の基礎知識を、地元の人たちに教えており好評を得ているという記事が、紹介されておりました。（二〇一二年八月三十一日付）
「大量のお酒を一気に飲むと危険ですが、毎日少しずつなら影響は小さいですね。放射線も同じです」とか、「人から人に感染する」とか「内部被曝すると（排出されず）半減期まで被曝し続ける」などと言う誤解や、「チェルノブイリの事故の多量の排出量や放射性物質の違い」なども、福島の人たちに説明して好評を得ているという内容でした。
私がここで述べようとすることも、正にこの産業医の方が言われているように、被曝とか放射線の正しい理解が在れば、トラウマから抜け出せると言うことです。

2・怖がらず放射線、放射性物質の人体への影響を勉強しよう

先ず、放射線、放射性物質とは何かと言うことから説明します。

すでに第一章の第三節の中ですでに説明したように、地球は宇宙の放射性物資の海の中から誕生してきたので、地球上にはどこにでも放射性物質があり、私たちは常時放射線を浴びて生きていると言う説明をしたと思います。逆に言うと、私たちの体の中にも正に、体を守るカリウム40と言う放射性物質があり、放射線を出し続けていると言うことです。だから、福島原発の事故が在ったから、突然放射性物質が日本に誕生し、危害を及ぼしているなどと言うことでは全く無いのです。

以下幾つかに分けて説明します。

①「放射性物質」とは何か

放射性物質とは、正式には「放射性同位元素」と呼ばれる元素の一種です。
＊「同位」とは、同じグループと考えてください。
＊「元素」とは、世の中の物質を構成している基本的な物質の元になるものです。同じ元素のグループの中に、放射線を出す元素と出さない元素があります。放射線を出す元

素が「放射性同位元素」と呼ばれるわけです。

＊さらに元素は、必ず幾つかの「原子」から成り立っています。また原子には核が在って、それを「原子核」と言いますが、この原子核は必ず「陽子（＋）」と「中性子（－）」というプラスとマイナスの電子から成り立っております。

元に戻り、放射線を出す元について、事例を挙げて説明しましょう。

前に説明した、私たちの体の中に在る「カリウム40」の例ですが、《カリウム》という元素は、「カリウム39」「カリウム40」「カリウム41」と言う三つの原子から成り立っております。数字の違いは、原子核に含まれる陽子と中性子の数の違いを表しております。

カリウムは「陽子」の数は常に十九個と決まっていますので（逆に言うと陽子を原子核の中に十九持つ元素のことをカリウムと呼ぶ）、中性子が二十個のものがカリウム39、二十一個の中性子を持つのがカリウム40、二十二個のものがカリウム41と云うわけです。

← この三つの原子の中で、カリウム40だけは陽子十九対中性子二十一の奇数同士のためか、構造が不安定で余分なエネルギーを放出して安定しようとします。

← 私たちの体内と食物の中から発生している自然放射性物質の放射線量（一秒間に放射する回数↓ベクレル）は第十六図の通りです。

このエネルギーの安定化作用が、「放射性崩壊」と呼ばれる現象であり、これが常に放射線を出す物質〈放射性物質〉と言うことであります。カリウム40が放射性物質と言うのはそういう意味です。

← 第十六図にありますが「カリウム40」は、カリウム元素約一万個のうち、一個存在するというものですが、これが在るため私たち人間は生きていくことが出来るのです。人間は毎日ミネラルを、何らかの形で体内に補給していますが、それはカリウム40を採るためです。

第１６図　体内、食物中の自然放射性物質

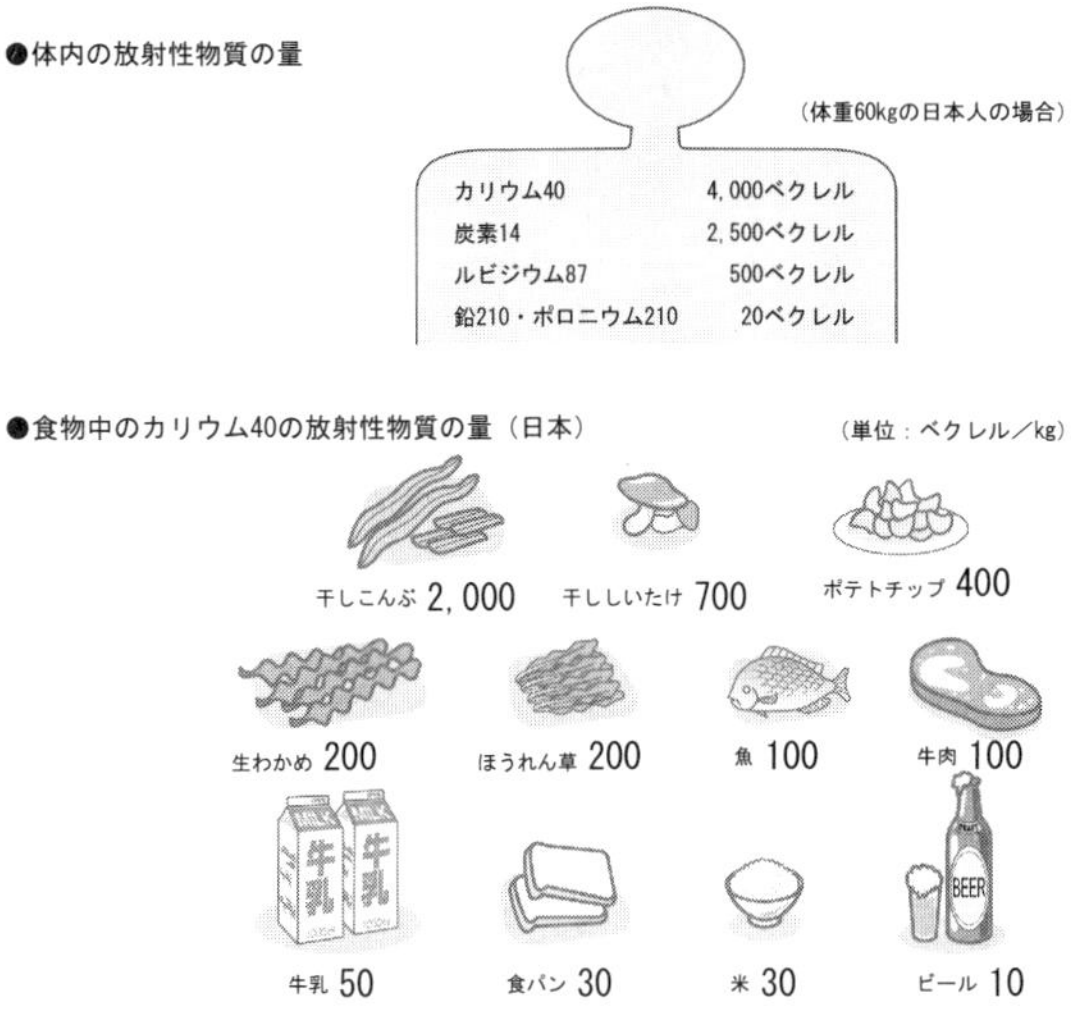
●体内の放射性物質の量
（体重60kgの日本人の場合）
カリウム40　4,000ベクレル
炭素14　2,500ベクレル
ルビジウム87　500ベクレル
鉛210・ポロニウム210　20ベクレル
●食物中のカリウム40の放射性物質の量（日本）
（単位：ベクレル／kg）
干しこんぶ 2,000
干ししいたけ 700
ポテトチップ 400
生わかめ 200
ほうれん草 200
魚 100
牛肉 100
牛乳 50
食パン 30
米 30
ビール 10
牛乳
BEER

専門書によりますと、体重五十キロの人は通常二百グラム（体重の〇・二％）のカリウムが必要です。そのカリウムの一万分の一（〇・〇一グラム）が先ほどのカリウム40と云う放射性物質です。

←

私たちの体の中に在る、この〇・〇一グラムのカリウム40から三千ベクレル／毎秒の放射線、すなわち三千個の放射線を出しております。↓この放射線を出すことを、専門用語で「原子崩壊」と言います。

㈱上述の三千ベクレルというのは、体重五十キログラムの人の例です。第十六図の例は、体重六十キログラムの人を例示していますので、四千ベクレルとなっています。

←

「ベクレル」とは、上述のように1秒間に放射性物質から放射線が何回は発射されるか、すなわち原子崩壊が何回起きるかを顕した単位です。

「シーベルト」とは、これも先ほど説明したように、人体が体内に放射線を吸収した場合に受ける影響の強さを表す単位です。

←

このカリウム40が出す放射線が、人体の中に在るDNA機能を維持していると言うことです。詳しいことは省略しますが、もしもミネラルの補給が無くなると人間だけでなく哺乳動物は、子孫を残せなくなるし機能障害を起こすことになるのです。

←

このように、放射性物質は人間の体の中からも出ており、地球上には何処にでも存在しているものであります。

しかもすでに述べたように、人間が誕生した頃はとても強い、おそらく現在の人間なら被曝の限界値と言われる、百ミリシーベルトの何倍もする放射線を浴びていた状況の中だったと、専門家は述べています。

←

「半減期」と言う言葉をよく聞きますが・・・

これは、放射線は、光と同じく瞬間的なものですので、発射された後、篝火が次第に消えていくように、段々弱くなっていくのです。自然に存在する全ての放射性物質が減っていくわけですから、そのことを「半減」と言う言葉で表しました。

半減期は、放射性物質の種類によって、大きく異なります。例示しているカリウム40

は、一億二千万年、ヨウ素131は八十日といった具合です。←

よって、約五百万年前に人類が誕生した時の地球上の放射線量は、二百五十万年前には半分に減り、さらに百二十五万年前にまた半分、六十二万年前にそのまた半分・・・というように減って行ったはずです。それからさらに、ジャレド・ダイヤモンドが言うように、現在の人間のかたちが完成し文明が始った一万三千年前には、現在に近い状態になったと思われます。そして、五千二百五十年前（縄文時代のはじまり頃）には、また半分に減ったと云うことです。さらに、時が進み二千五百年前頃（弥生時代初期）は、その半分に減っていたと考えられます。ちょうど、卑弥呼の活躍が始まった頃です。

このように見てくると、例えば私たちの祖先に当る千二百年ぐらい前の荘園時代から、武士が活躍し始める鎌倉時代にかけての日本人は、今よりはもっと多くの放射線の中で生活していたと言うことでしょうか。←

したがって、私たちは放射線とは何かと言うことを弁え、その管理監督を「きちんと行えば、言葉に怯えて脱原発と一直線に進むようなトラウマから早く開放されることが出来ると思います。

先に述べたように第四表には、主な放射性物質の半減期を示しておきました。

②放射線の種類

一概に「放射線」と私共が述べている言葉ですが、厳密に言いますととても広い範囲では、「電磁波」と呼ばれるものも一種の放射線なのです。宇宙の磁力が生み出すものですが、この電磁波を正に人間が文明の成果として情報伝達手段である「情報通信」に、利用し始めたと言うことです。その電磁波の特徴は、いろいろな他の放射線が当たっても、電気分解を起こさないと言うことです。↓電磁波のことを「非電離放射線」と言います。

←長波
中波
中短波
短波
超短波

マイクロ波
赤外線
可視光線
紫外線

纏めて、放射線の種類とその放射線の強さ（透過力）を第十七図と第十八図に示しておきます。

ただし、以上の他に電磁波の中で一種類だけ電気分解を起こすものが在ります。それが、レントゲン写真に利用されているX線とr線です。

以上のように、波長の長いものから順に記載しました。したがって、X線とr（ガンマ）線を除くこの九つの電磁波が、すなわち非電離放射線です。

これに対して、放射線が当たると簡単に分解してしまうのが、一般的に私共が怖がっている「粒子線」と呼ばれる放射線です。

あらゆる地球上の物質は、粒子と呼ばれる元素によってかたち作られております。山も川も植物も、そして動物も私共人間も粒子の塊です。しかも、その粒子の中でごく一部ですが、放射線を出して電気分解を起こす粒子が在ります。

この粒子を別名「電離放射線」と称します。あらゆる物質、この放射線を出す粒子が無かったら生まれ出てこなかったのです。

← ｛X線・r線｝↓太陽光線と同じ波長
β（ベータ）線
中性子線
陽子線
アルファー線
重粒子線

以上の六種類が、放射線被曝によって分解する私共が問題にする放射線です。

それぞれについて、説明します。

① 先ほど触れたように、「X線」は、人工的に作られた放射線であり、粒子ではなく、元素の中の原子核の軌道から生まれる電磁波です。

② 「ベータ（β）線」とは、いろいろな元素の中の原子核が、放射線に破壊されて帯び出してきた電子の呼称であり、割合大きな粒だから薄いアルミの板で止めることが出来ま

す。

半減期は、同じベータ線でも「ヨウ素131」は、八・〇四日、「セシウム137」は三十年です。

③「中性子線」とは、元素の中に在る原子の核を構成している中性子が飛び出してきたものです。ベクレルはとても大きく、アルファー線やベータ線の五倍～二十倍の影響量があります。波長も長く水またはコンクリートでやっと止められます。

半減期はウラン238の場合、四十五億年です。

④「アルファー線」は原子核が壊れたとき飛び出す粒で、プルトニウム239がアルファー線です。放射線は紙でも止められますが、体内に取り込むと半減期は二・四一万年と言われますので、影響力は大きいと言われます。

③放射線被曝の影響

次いで「電気分解」すなわち、放射線を受けて粒子が分解する《電離現象》とはどういうことか。↓放射線を体内に取り込むことが「被曝」ですが、被曝すると何故問題なのかですが↓それはこの「電離現象」と言うことが起きるからです。

第１７図　放射線の種類

アルファ（α）壊変（崩壊）	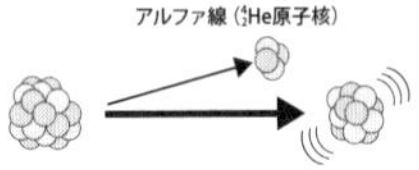	（例） $^{226}_{88}Ra \xrightarrow{\alpha} {}^{222}_{86}Rn$
ベータ（β）壊変（崩壊）	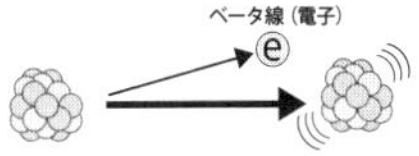	（例） $^{24}_{11}Na \xrightarrow{\beta} {}^{24}_{12}Mg$
ガンマ（γ）線の放出	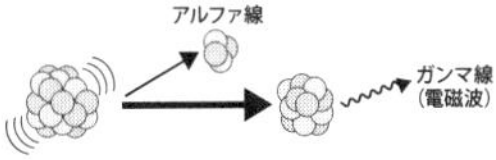	

○ 陽子　◎ 中性子

- 放射線
  - 電磁波
    - エックス（X）線…原子核の外で発生する
    - ガンマ（γ）線…原子核から出る
  - 電荷をもった粒子
    - ベータ（β）線…原子核から飛び出る電子
    - アルファ（α）線…原子核から飛び出るヘリウム $^{4}_{2}He$ の原子核
    - その他
  - 電荷をもたない粒子
    - 中性子…原子炉、加速器、アイソトープなどを利用して作られる

第１８図　放射線の種類と透過力

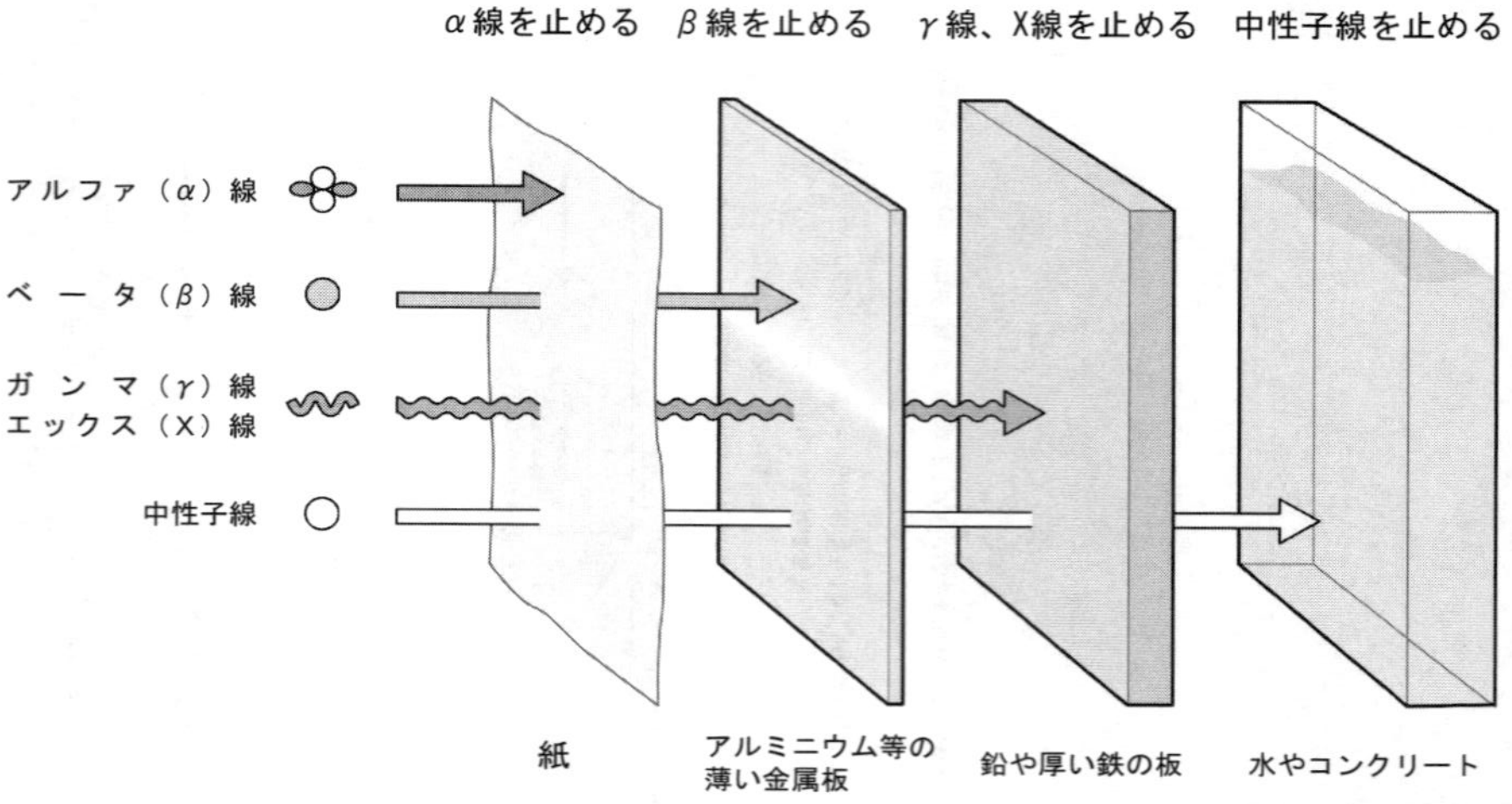

これが、分からないといわゆる放射線とは何かがよく理解できないでしょう。

「電離現象」とは何か、それをしっかり理解しておけば放射線を被曝したからと言ってやみくもに怖がる必要はありません。

例えばカリウムとかセシウムという元素になっている化合物や分子がバラバラに分解して、イオンを生むと言う現象が電離分解です。

「イオン」とは、電気エネルギーになろうとして、あらゆる物質が分解して、他の物質と結婚しようと準備動作をしている不思議な姿と、考えてみてはどうでしょうか。

例えば、「水」は私たちに無くてはならないもので、概ね人間の体の七割は水だと思ってください。

水は、ご存知の通りＨ２０ですから、二個の水素原子と一個の酸素原子から成り立っております。

ところが、この水に放射線が当たると、そのエネルギーで水の分子から電子一個がたたき出されてしまいます。

例えば、食塩水（塩化ナトリウムを水に溶いたもの）を作ってみて下さい。この時、水を得て食塩（塩化ナトリウム）は、水溶液の中で早速「ナトリウムイオン（プラス）」と「塩素イオン（マイナス）」に分離して不安定な状態になります。

↓

私たちの体の中は、いつもこの食塩水のような状態になっていると言うことです。そこに、何処からか被曝した放射線が当たりますと、体の中の酸素分子がそれを受けて「活性酸素」グループに作用して過酸化水素を造り、激しい化学反応を引き起こすと言う結果になります。

↓

この化学反応は、人間の体内に種々の影響を与えますが、人間は元々放射性物質の助けを借りて、突然変異によって地球上に誕生したと言う歴史から考えれば、十分にむしろこうした放射性物質が持ち込む化学反応に、耐え得る機能を備えていると言うことが出来ます。

したがって、放射性物質の状態を知り、それをコントロールすることを行えば怖がる必要な無いのです。

前掲の大腦博善著「放射線の話」によれば、人体には放射線被曝に対して、元々予防・回復機能が備わっているとして、次の四点を挙げております。（同書七十頁）

①活性酸素が発生しないよう、予防手段を持っている。

②もし活性酸素が発生したら消去する手段を発揮する。

③それでもダメージを受けたら、その損傷を修理・回復する。

④治せないほどの障害だったら、細胞を交換させて組織を守る。

詳しいことは省略しましたが、こうしたことをしっかり踏まえて、風評被害のトラウマから、日本人は早々に脱却し脱原発運動による日本の打ち壊しを、何としても止めるよう努力すべきです。

④人工放射線被曝

もう一つ、とても重要なことを述べておきます。

私たちが受ける放射線には、宇宙から降ってくるものや、地球上のもろもろの自然現象等から受ける「外部被曝」と、先ほどから述べているような、体の中からの出て来る「内部被曝」があります。

さらに、重要なのは人間の活動から生じる「人工的な被曝」です。

みなさんが「脱原発」と言ってトラウマ（精神的外傷）に罹っているのも、この人工的に生起した原子力発電所の核燃料が、格納容器などから漏れたために生じた人工的な放射性物質によるものです。

第十九図は、私たちが一年間に受けている自然放射線量（世界平均二十四ミリシーベルト）の内訳を示したものです。また第二十図は、私たちの日常の生活の中で受けている放射線の種類とその放射線量を示したものです。結局私たちは、生活のあらゆる場所で、いつの間にか放射線を被曝していると言うことですから、決して放射線と聞いただけで怖がる必要は無いのです。

ところが、今回のような突然原発が事故を起こして、人工的な放射性物質が排出されると、その影響が上記の二十四ミリシーベルトを超えるのではないかと心配になります。

この点は、極めて重要なことです。

言うまでも無く、福島原発の事故により多くの住民が避難させられました。現在も未だ、事故を起こした原発の在る大熊町などの住民の方々は、全員帰れない状態が続いております。

この場合、後でも述べますが、果たしてわが国の放射線量の基準値、特に人体に直接影響の在る食品類について、国際的なグローバルなものと比較してどうなっているのかということを検討してみる必要があります。

用心には、越したことはありません。しかし、現在の政府の態度や方針は、脱原発を進めたいと言うことですので、どうしても許容水準を低めに設定しがちですし、実際にそのようになっております。

第二十一図は、前に示した第三表の各国別放射線量の規制値比較を、少し具体的なものに限定して示したものです。冒頭に説明した折には、コーデックス（世界的に通用する食品の規格）を示しておきましたが（第二表参照）、ここで改めて分り易く日本とEUと米国の食料基準値を、図にして示してみました。

ご覧の通り、例えばセシュームでは、牛乳について見ますと、日本の基準値五十ベクレルはEU千ベクレルの二十分の一（乳児は八分の一）、米国千二百ベクレルの二十四分の

第19図　自然放射線から受ける線量

一人あたりの年間線量（世界平均）

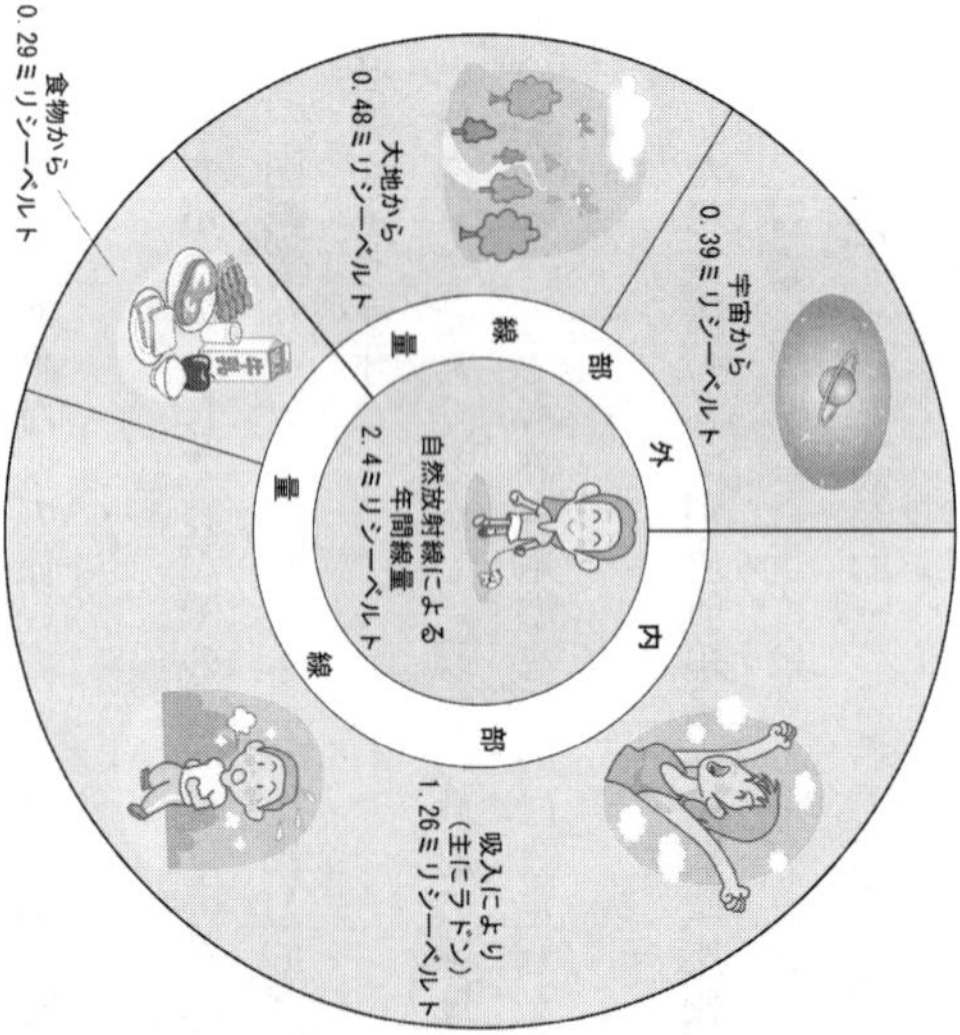

出典：国連科学委員会（UNSCEAR）2000年報告

第２０図　日常生活と放射線

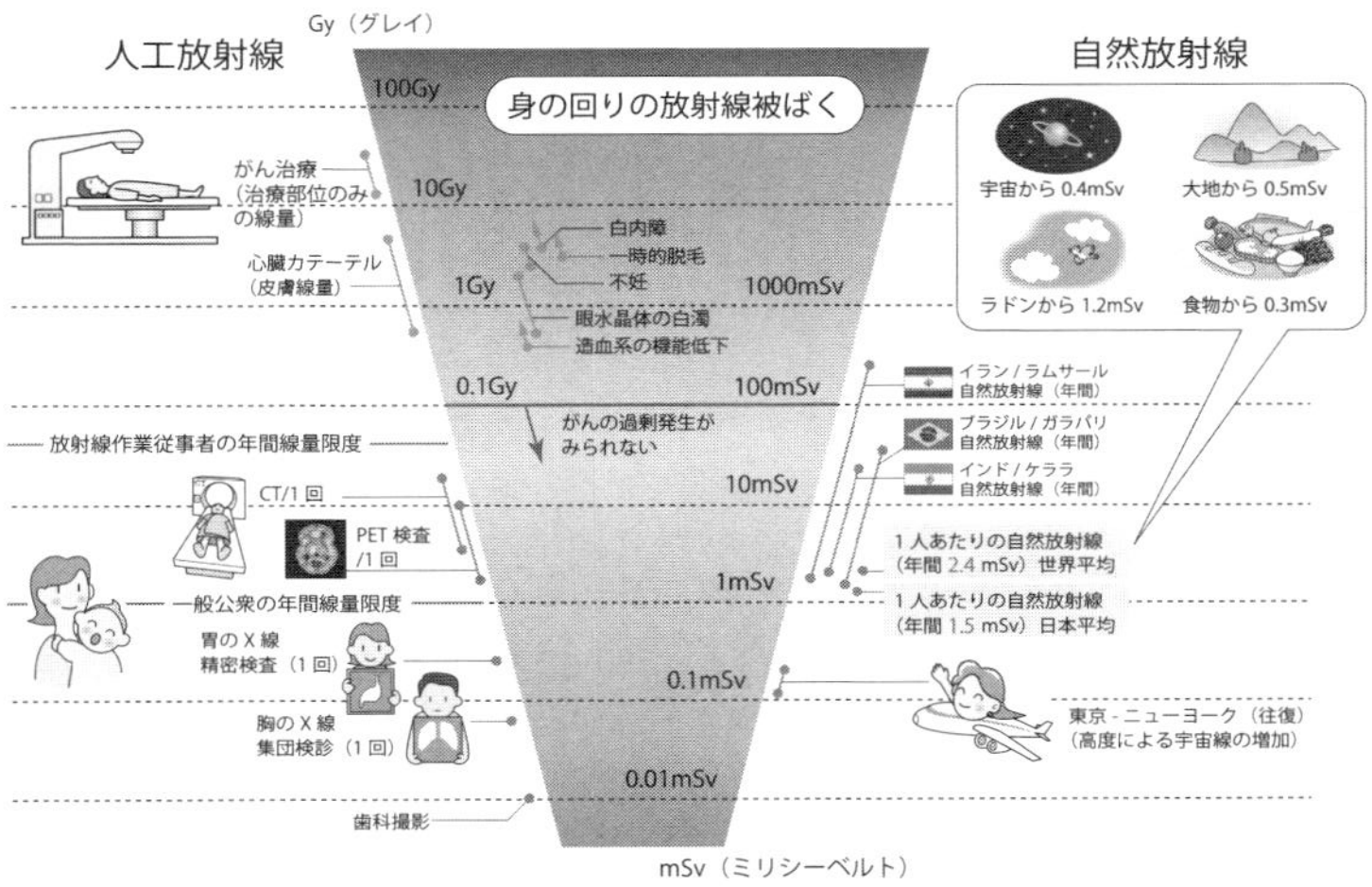

（注）数値は有効数字などを考慮した概数
　　目盛（点線）は対数表示のため、ひとつ上がる度に10倍上がる

出典：(独)放射線医学総合研究所ホームページ

一というように異常であり、わが国の用心深さには驚くばかりです。こうした点を、早速改め世界と同様にしなくては、日本人は外国に堂々と対応出来ません。

日本人が、海外に出掛けまた彼らが日本に遣ってきたとき、このあまりの違いに戸惑うことが無いようにしたいものです。

これでは、被害を受けた福島の住民はもちろん、多くの人たちがトラウマに罹るのは止むを得ないでしょう。このようなことは、殆ど今まで誰も述べていないと思いますが、とても重要なことです。

拝受社会のわが国だからこそ、総理大臣以下のトップが日本人のトラウマ解消に真剣に取り組んで貰いたいと懇願したいのです。

結論を述べれば、私たち人間は放射能が無ければ生きていけないこと、しかし、それを電気や火、あるいは薬と同じく、使い方や扱いを間違えないことであり、怖がらず「放射性物質」との共存する覚悟が要るということです。

3・国（政府）が福島原発事故による放射性物質の安心度明示
―予断を交えず正しい情報を伝えよ

第２１図　食品基準値の国際比較

（単位：ベクレル /kg）

放射性物質の種類	食品	日本		EU	米国
		暫定規制値	新基準値		
放射性ヨウ素	飲料水	300 乳児 100		500 乳児 150	170 (乳児も同じ)
	牛乳・乳製品				
	野菜類（根菜・イモ類を除く）	2,000		2,000	
放射性セシウム	飲料水	200	10	1,000 乳児 400	1,200
	牛乳		50		
	乳製品		一般食品 100 乳児用食品 50		
	野菜類	500		1,250	
	穀類				
	肉、卵、魚、その他				

何よりも重要なことは、国（政府）が、特に水や食物を中心とした放射線被曝基準を諸外国と同じ水準に緩和し、世界に通用するものにグローバル化した上で、今回の日本国民をトラウマに駆り立てている「福島第一原発の災害事故により発生した放射性物質の《種類・強さ・影響力・現状・今後》」について、明確に国民に判りやすく説明することです。

そして、放射性物質についていて、一方的に過激な危険を述べる学者専門家の考え方や意見に偏ることなく、「国際社会にグローバルに適用されている《放射性物質の【これ以上は安心】という安心度》を明示」すべきです。「危険度」でなく「安心度」が国民には必要です。

もちろん、脱原発を勧めるための意図的な説明でなく、《トラウマ解消》に役立つ、公正・客観的なものでなくてはなりません。

そのためには、少なくとも次の明示が要るでしょう。

① チェルノブイリ、スリーマイル、ＪＣＯ臨界事故などと、福島原発事故との放射性物質発生状況、その種類、および影響力の差などについて、分り易く説明すること。特に福島の災害事故は、運転中に起きたものではないので、チェルノブイリのように強烈な中性子、ストロンチウムなどといった放射性物質は殆ど発生していないことを、明確に

説明すべきです。

②福島原発災害事故の発生から一年半経った現在ですが、チェルノブイリの場合との状況比較を説明すべきです。影響内容の違いももちろんですが、ＥＵ各国に影響したチェルノブイリの場合、民衆の受け止め方がどのように変化していったかも、調査して説明すべきです。要するに、急速にトラウマが解消されていった経緯を説明すべきです。

③福島原発災害事故の場合に、排出された放射性物質は、概ねヨウ素とセシウムが中心だと言われておりますが、発生時から現在までの濃度の推移と、地点別の状況を説明すべきです。その被曝状況が食物などの基準値（もちろん国際基準を基に）に対して、これまではすでに問題ないという明確な宣言が要ります。

これが無いため、また省庁間の統一が無いため（例：文部科学省↓校庭の放射線量二十ミリシーベルト／年　厚生労働省↓一般食品（学校給食）百ベクレルなど（混乱を来たしており、「一ミリシーベルトなんてナンセンス」と言いながらも）、福島県内居住者の六万人以上が、県外への避難が続いているとのことです。（朝日新聞九月十七日「限界にっぽん」参照）

④よく問題になる年間放射線被曝の「しきい値」百ミリシーベルトの意味と、五十ミリ

シーベルトまでは、ホルミシス効果が確認されていることについて、余談を交えず、公平な説明を国民に示すべきです。

同時に、例えばチェルノブイリの事故の後、被曝線量制限区域ながら地域住民全員が戻り、すでに何不自由なく元気に過ごしている実情を紹介すべきです。逆に村を離れ転々と移住している方々の方が、トラウマから目覚めず亡くなったりされているとの報告の事実も、きちんと伝えるべきです。

また、世界各地には、自然放射線量の平均値が数倍も多い地域があり、そこでは歴史的に逆にガンの発症率が、とても低いことが明確になっていることなど、放射性物質についての安心材料を政府は隠さず、公正に国民に提供する義務があります。

⑤今回の自然災害事故に遭遇した福島第一原発一号機～四号機以外の、同じ場所にある五、六号機は、全く影響を受けず放射性物質の流出も無いことを、国（政府）は責任を持って説明し、早々に運転再開に努力することを宣言すべきです。

これが、最もトラウマ解消の決め手になると言えます。もちろん、同じ福島に在る東京電力の福島第二原発も、また東北電力の女川原発も同じです。またこれらの原発が、3・11の巨大地震・ツナミ災害の折、地域住民の多くの方々の避難場所として、とても役に立ったことも明確に公表すべきです。

⑥九月十九日に新発足した「原子力安全委員会」（田中俊一委員長以下五名の委員で構成）は、是非とも五十基のわが国原発が停められたままの影響の重みを、心から感じて貰いたいと思います。言うまでも無く、その再稼動に向けての専門的判断の重みはとても大きいでしょう。同時に、本当の国家国民の願いは、このままでは七百万社にも及ぶわが国の中小企業が、コストアップで生き残れるかどうかの瀬戸際に立たされている現状を、是非考慮して早急な個別の判断対応を、権威を持ってやってもらう必要があります。

⑦早く日本のトップリーダーが、エネルギー政策は原子力発電を基本とするしかないことを、明確に表明して世界を安心させることが必要です。ところが野田首相は二〇一二年九月二十六日ニューヨークの国連総会に出席して、「日本は二〇三〇年代に原発に依存しない社会を目指す」とわざわざ述べました。何故、全く十分な検証もせず、出来るはずのない夢のような約束を世界に向けてするのでしょうか。早々に日本国民がこの民主党政権のトラウマから抜け出し、無資源国日本の原発を中心に据えた正しい政策を打ち出してもらうことが必要です。

こうした国（政府）の、前向きの決断と行動が今こそ必要です。正に、政府の最も重要な広報機関でもあるNHKの役割は、余談を交えず報道することで、世論の動向を妖怪に妨げられることなく、正しく導くことが出来ると思います。

第二節　原発と原爆の違い明確化

原発の必要性を徹底検証するためには、すでに述べたように放射性物質は、私たち人類にとって基本的に必要なものだという認識が無ければ、公正中立的な判断はなかなか出てまいりません。

その意味で、まだまだ不十分かも知れませんが、私は今まで脱原発を疑問視される方々の著書にも殆ど明確に触れていない、放射性物質の内容についてここで今まで述べてきました。原子力反対或いは脱原発を主張される方が読まれると、お気に召さない内容でしょうが、放射性物質を良く知り、それを如何に理解して克服するようにするか、その十分な理解が出来れば、私たちはトラウマを脱出出来ると考えるからです。

そうでないと、本当にわが国の国土が打ち壊しの状態になるのが必死だからです。

二十世紀の初頭に発生した第一次世界大戦の経験の中から、新たな民主主義の世の中が生まれると期待していたのに、政治が暴力化し始めたことを心から懸念し「職業としての政治」を書いたマックス・ウェーバーは、同書の中で、次のように述べています。
「全能であると同時に慈悲深いと考えられる力（全能の神）が、どうしてこのような不当な苦難、罰せられざる不正、救いようのない愚鈍に満ちた非合理なこの世を創り得たのか（以下略）」

このように嘆き、政治の大衆迎合化を非難しております。今正に、ウエーバーの嘆きが聞こえてくるようです。

福島第一原子力発電所の事故以来、わが国政府の広報機関の役割を持つＮＨＫをはじめ民放各社、それに殆どの新聞等マスメディアによって、これでもかこれでもかと言わんばかりの、原発崩壊↓放射性物質散乱↓重大な事態↓危険というように一方的に報道されていきました。同時に、東電の対応のミスが事件を大きくした↓よって、東電は悪者↓全て賠償すべしという方向に、全国民の目を誘導していってしまいました。

その極め付けが、３・11当時の菅　直人総理大臣の行動と発言です。彼は、広島・長崎の原爆投下の式典に何れも出席し、六十七年前の尊い命の犠牲者の方々を祈念する行事に直接出席したことは、実に立派なことでありその行為に異論を挟むものでは全く在りません。

しかし問題は、彼が挨拶の中で福島原発の事故を取り上げ、核兵器の禁止同様に脱原発を目指していくことを、強調した点です。原子力の平和利用の理念を、原爆のトラウマに悩む国民の行事において打ち消してしまったのです。それをまた、NHKが取り上げ画像で植え付けました。新聞各紙も同様に書き挙げました。こうして、世論と言う名の妖怪が平和利用の原発を、すっかり悪者と看做し原爆と同類項にしてしまったのです。大衆迎合のポピュリズムに弱い政治家は、ますます脱原発を主張し始めました。

この影響は、実に大きいと考えます。具体的に言えば、次の三点です。

第一は、原爆の被害は放射性物質による被曝が原因との勘違いが増えたこと。

第二は、福島原発事故のトラウマが、風評被害となって拡大したこと。

第三は、全原発の再稼動反対の声に原爆核兵器禁止運動の声が重なり、反対運動の声が増幅されたこと。

以下具体的に、取り上げてみます。

菅首相の、上述のような行動と発言が与えた悪影響を解明するため、現在までに明確化している広島・長崎の原爆被害の原因について、先ず取り上げてみます。

手元に、放射線物理学の専門家の近藤宗平という人が著した「人は放射線になぜ弱いか―少しの放射線は心配無用」（講談社）と言う本があります。

この人は、大阪大学医学部を退職後近畿大学原子力研究所で研究を継続している放射線に関する専門家です。

戦前に大学を出て、京都大学の研究所に入った方ですが、原爆が投下された時、その一週間後に軍の調査班の一人として広島に入り、原爆の影響をつぶさに踏査した一人です。大変貴重な文献ですが、この近藤さんがこの本の中で、広島の原爆で多くの市民が一瞬のうちに犠牲になり尊い人命や財産が失われたが、その原因は放射線によるものは、ごく僅かだと言うことを、はっきりデータを示して述べております。

第二十一図は、「原子爆弾の三大破壊要因」と言われるものですが、英国医学会の科学・教育委員会が「核戦争の医学的影響」と云う報告を一九八三年に発表しました。データはイギリスの研究機関が行った広島・長崎の被害を下にシュミレーションを行った推計値ですが、原爆の被害原因を綿密に分析したものと言われています。

それによると、この図のように、原爆の三大破壊力として、「爆風」「熱線」「放射線」の三つを取り上げ、爆風と熱線が七十八％、原爆放射線は死者五％重傷者十七％と述べております。ただし、これは地上で原子爆弾が破裂した場合です。これに対し、広島・長崎のように地上の飛行機から落とされた場合は、第二十一図のように残留放射線被害はゼロになり、その部分は爆風に換算され「爆風」六十％、「熱線」三十五％、「放射線」五％となります。

このように、広島・長崎に落とされた原爆は、全て放射線被曝によるものと喧伝されていますが、以上の調査結果でも分かるとおり全く正しい認識ではないのです。放射線被曝は、五％に過ぎなかったのです。

もちろん、原爆は決して許されるものでは無いと私も主張しております。しかし、問題はその原爆の原因を、平和利用している原発と同列に並べて、いかにも脱原発の手段として、国民に間違った判断を植え付けた菅　直人元首相の言動と行動は、とても許されるべきものではないと思います。

第三節　福島を徹底して復元する国家と国民の覚悟

確かに大前研一氏が前掲の「原発再稼動《最後の条件》」（小学館）と言う冊子で指摘されていることが、再度蘇ってきます。

第２２図　原子爆弾と三大破壊要因

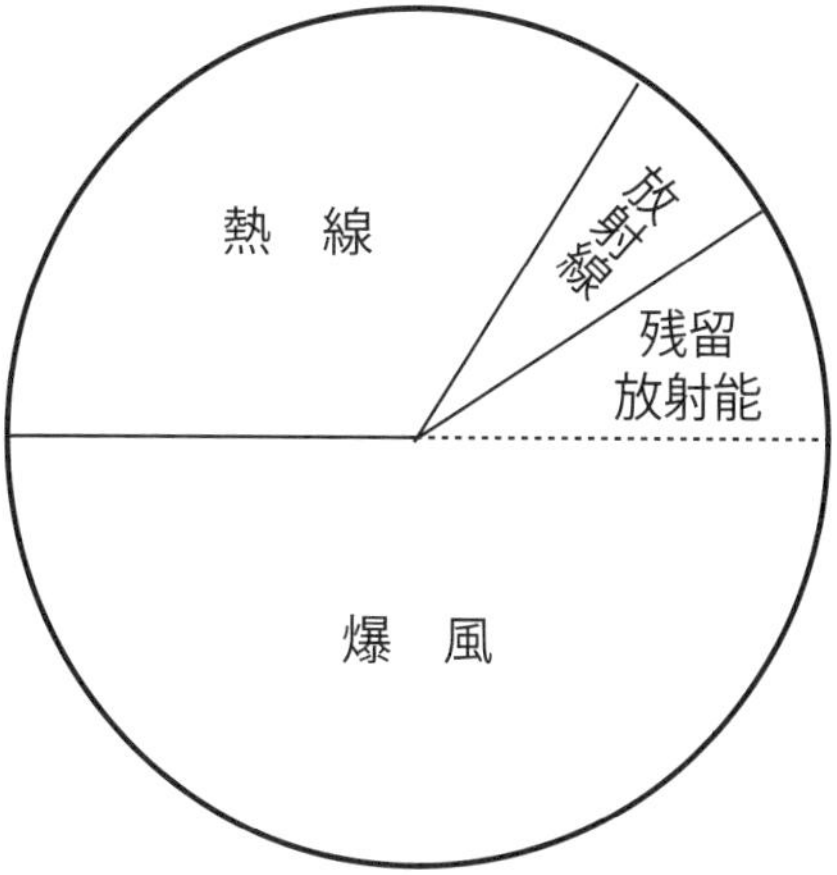

原子爆弾の三大破壊要因の強さ（エネルギー量）の相対比。図は地上爆発のときの値を示す。空中爆発のときは、残留放射能の寄与は大部分なくなって、爆風のエネルギー量がその分だけ増える。

（資料）近藤宗平 著　「人は放射線になぜ弱いか」 45 頁　講談社

それは、このようなとても取り返しが付かないような、深刻な事故を引き起こしたのは、「住民の説得しか考えず」「全電源の長期間喪失は暗線確保の絶対条件という神様への説得を忘却」した関係者の「傲慢と慢心」だ、と言う点です。これを、原子力発電の再稼動を行うことに関わっている方々全員が、真剣に反省し事業に取り組むことが、最も重要な前提条件でと言えます。

その上で、私共は福島の再生を是非とも国民全体の共同責任と言う覚悟で、完全復元するように助け合いの精神で解決する必要があります。それは、福島第一原発の「全電源を長期喪失し事故を起こした1号機・2号機・3号機・4号機」と、それ以外の全国五十地点の原発再稼動とを、完全に切り離す必要があるからです。

二〇一二年九月現在、放射性物質の影響のため自宅に帰れない或いは還りたくないと言う方が、約二万二千人居られるそうですが、是非全国民の力で補償金（約三兆円）を出して、解決する必要があります。とにかく、みなさんを安心させる必要があります。

首都圏に住む約三千万人の家屋・学校・事務所・工場・ビル・公共施設などに、四十年間以上に亘り原子力の電気を送り続けることに、全面的に協力して来た福島原発周辺の住民の方々に、是非新たな雇用を生む事業や工場を進んで進出して頂く。その貢献に応えて、関東地方の諸自治体特に東京都とそれに国は、雇用の機会を生んだ企業や事業に、これまで以上の特段の免税措置や特別低金利の資金の提供等、優遇支援を行うべきです。

私がわざわざ「五十地点」と言ったのは、何故でしょうか。

福島第一原発には、実は事故を起こした上述の四基（合計二百七十九・六万ＫＷ）の他に、五号・六号の二基（百八十四・四万ＫＷ）が在ります。

福島第一原発（合計出力　四百六十八万ＫＷ）　←

×一号機　四十六万万ＫＷ　昭和四十六年運転開始　ＧＥ建設

×二号機　七十八・四万ＫＷ　昭和四十九年運転開始　ＧＥ建設

×三号機　七十八・四万ＫＷ　昭和五十一年運転開始　ＧＥ東芝建設

×四号機　七十八・四万ＫＷ　昭和五十三年運転開始　ＧＥ日立建設

五号機　七十八・四万ＫＷ　昭和五十三年運転開始　東芝建設

六号機　百十万ＫＷ　昭和五十四年運転開始　日立建設

福島第二原発（合計出力　四百四十万ＫＷ）

一号機　百十万ＫＷ　昭和五十七年運転開始　東芝建設

二号機　百十万ＫＷ　昭和五十九年運転開始　日立建設
三号機　百十万ＫＷ　昭和六十年運転開始　　東芝建設
四号機　百十万ＫＷ　昭和六十二年運転開始　日立建設

もちろん、上述の通り福島第二原発は、直ぐ隣の広野町に四基四百四十万ＫＷがありますが、これらの原発は先ほどの福島第一原発の五号機、六号機（計百八十八・四万ＫＷ）と共に、あの千年に一度と言う巨大地震とツナミを受けてでも、なおかつ殆ど無傷だったのです。

もしも、この合計六基（六百二十八・四万ＫＷ）が直ぐにでも動けば、外国に高い燃料代を支払って、原発停止による一万人近い人たちの雇用を失っていることが一変に解消されます。

しかも今の三割以上も高くなる電気料金は、上げないで済むかも知れません。

是非福島の方々も、ご協力いただいて、無傷の残りの原発を再稼動させる必要があります。

廃炉にしてしまっては、全く意味が在りません。福島の地方自治体の方々や、地域住民の方々が怒る気持ちは十二分に分かりますが、現実はもしも原発を打ち壊してしまったら、日本の国土の中に完全に広大な廃墟を造るようなものだということです。

ところで、何故福島第一原発の五号機、六号機が無事だったかと言えば、正に神様は正直で、五・六号機はツナミを被った一～四号機と違って、数メートル高台にあり、全電源の長期喪失が起きなかったのです。

ちなみに、今回同じ地域に在る東北電力の女川原発（三基合計二百十七・四万ＫＷ）も、殆ど巨大地震・ツナミの被害を受けておりません。むしろ、たくさんの被災者の避難場所として原発の敷地や建物を提供し、多くの感謝を貰ったとされます。このことの裏には、東北電力では原発はなるだけ高い敷地に建てた方が良いという、先輩技術者の言い伝えがあったと言うことです。大前氏のいう、住民だけでなく神様の説得にも、結果論ですが双方に気を使っていたと言うことではないしょうか。

原子力発電所運営の責任者の話では、全国の他の原発も、今では神様の意見を忘れずに、すでに全電源の長期喪失が起きないような万全の対策が、なされているとのことです。そうであれば、政治家特に政権与党は、脱原発などと日本国の打ち壊しになるようなことを、是非とも止めて正しいわが国のエネルギー政策を、打ち立てるように努力して貰いたいと思います。むしろ、新しく発足した「原子力規制委員会」の審査を促進するようにすべきです。

第四節　電力会社は悪者と決め付け封印

この七月から新生東電が発足し、弁護士の下河邉和彦氏が会長に就任しました。全従業員を前に、これからは「新生東電を名実共にスタートさせ、『第二の操業』を実現していくために全力を尽くします」と挨拶しました。

同時に、次のように述べています。少し長いが、そのまま引用します。

「(前文略)・・・現場第一線のいろいろな職場を訪問し、現場を見、そして社員の方と直接お話を重ねてきました。私の率直な印象は、現場は堅く、きまじめで、電気を、明かりをしっかりとお客さまのもとに届けるという東京電力の仕事が大好きな人たちが大変多い。というものです。(中略)言い尽くせないほど大変な」苦労してきた話を聞き、『ありごとうございます』という言葉しか見付からなかった職場もありました(以下略)」(東京電力社報「とうでん」NO718)

このように、下河邉氏は述べています。

同氏は、このことを総合経済誌『財界』の村田博文社長のインタビューの中で、「正直涙が流れた」とも、その心境を吐露していました。

この記事を読み、また村田社長から直接話を聞いて、私自身ずしんと心から感じるものがありました。

東電の現場は、六十年前も三十年前も、そして今も変わっていないなと実感するからです。

六十年前私が東電に入社した頃は、キテイ台風やキャサリン台風と言う強烈な暴風雨に見舞われたことが在りました。東京の新宿営業所神楽坂サービスステーションに勤務していた私は、真夜中にずたずたに切れた配電線の復旧に、三日三晩徹夜で頑張る工事係と作業班の状況を、区役所と商店街に伝える役割で走り回ったのが、目に浮かんできます。何十万戸も停電しました。電気の明かりが最後の一灯まで点いた時、みんなが涙を流しながら万歳を三唱しました。

三十年前今度は埼玉支店長として赴任した時、日本航空のジャンボジェット機が埼玉県と群馬県との県境に在る、御巣鷹山に墜落すると言う悲劇が起こりました。歌手の坂本九さんも犠牲になりました。

柏崎原発から東京都心に電気を送る百万ボルトの送電線と、新潟の信濃川水力発電所から同じく都心に送る五十万ボルトの送電線の間は数百メートルしかありませんが、どうやらその間辺りに日航機は墜落したらしいとの情報でした。今と違い、携帯電話が普及していない時代です。何も無い山中であり、確かな場所は俄かには分かりません。

だがおそらく翌日は早朝から、報道陣のヘリコプターも遣ってきます。そのため、徹夜で送電鉄塔に目印の白旗を立てることにしました。しかし、ジャンボが送電線に墜落しなかったのは幸いでした。もし送電線に落ちたら、首都圏の一部が大停電に成る可能性も在ったからです。

自衛隊から、投光器を現場まで届けて貰えないかとの要請もあり、どしゃぶりの中、深夜の危険な山道を秩父営業所の社員を中心に、百人余りが徹夜で現場まで運びました。尖った稜線の何も見えない山道は、一人が谷底に滑り落ちれば、数十人が諸共転落死になりかねません。それでも、みんなは力を合わせて頑張りました。五、六時間は掛かったでしょう。

同時に、そのまま翌朝まで散乱した現場の作業に、みんなで協力しました。東電社員は、送電線を守ると言う役目もありますが、こうした時には正に自衛隊や警察や消防と同じように、公益事業に携わっていると云う誇りと使命観のようなものを、代々引き継いでいると云うことです。

利益やコストに現れないサービス精神が、日本の電気事業の質の高い安定供給を支えて来た証拠です。

もちろん現在の電力会社の役割は、お客さまのより高度な要請に対応じて、リアルタイムのサービスへと変わっております。だが電力会社は、単なる私企業では無いことは、現場感覚を披瀝した前述の新会長発言の中に今も厳然と残っている証拠だと思いました。

読者のみなさんに是非理解して頂きたいのは、電力会社は明治十九年（一八八六）に渋沢栄一氏が東京電灯株式会社を設立したのを嚆矢として誕生し、全国に続々と作られていきますが、最初から私企業だったと言う特徴を持っております。

しかしながら、電気・電力は日本国家の隅々まで明るくし、同時に誰にでも同じサービスで且つ、どんな僻地でも離島でも平等な料金で、しかも先ほどから述べるように、それこそ鉄道・通信・郵便、さらには自衛隊や警察・消防と同様に、さらには災害対策も懸命に努めていくと言う公益事業としての役割を、従業員が深く認識していると言うことです。

現政権のトップの方々や政治家の見方が、東電と言う会社に対し、それが何とも資本主義の牙城のように見えるのか、あのバッシングはひどいと思いませんか。東電を活かさぬよう殺さぬよう、徹底的に叩き社員の給料も大幅に引き下げ、対外的な活動も一切に実質禁止せざるを得ない状況に追い込んで、本当に良いのでしょうか。

生まれながらの私企業ではあるけれども、東電に入社したその日から彼らの生き甲斐と誇りは、公益に貢献していくと言うことなのです。市場競争によって、株主利益を追求することを経営目標に置いた会社とは、従業員の意識やモチベーションは全く異なります。電力会社は、資本主義の牙城であり独占資本だなどと言うのは、左翼的な政治家や学者、さらには一部マスメディアが創り上げた仮想のかたちです。

このため、3・11の直後から東電社員だということが分かると、例えば眼鏡店にコンタクトレンズを買いに行った女子社員が、保険証を出してそれと判った途端に、保険証を投げつけられ「帰れ」と怒鳴られたとか、普通の飲み屋で歓談していたら、突然「お前らの来るところかよ」と言って殴られたとか、これに類する嫌がらせがというか、要するに「東電バッシング」が可なり在ったようです。

それでも、先ほどの新会長の話のように、東電社員の誇りを持ってじっと我慢し五万人の社員、さらにもっと多いOBたちのボランテイア活動も含めて黙々と、懸命にそれぞれの任務に励み、電気供給が途絶えることの無いように、安定供給に努めていると言うことです。

みなさん、一時の感情に溺れず、是非とも東電バッシングを封印して貰いたいと思います。それは、みなさんへの電気の安定供給のために、台風や地震や水害などの災害の時にも、決して厭わず身を挺して公益に尽くしていることに対する、ささやかな心遣いではないでしょうか。もちろん、東電だけでなく、関電も他の電力会社も経営者も従業員も大なり小なり苦しめられ、自ら苦しみながら反省するところは反省していると思います。

水や空気と同じように、電気が無ければ生活出来ない世の中です。その電気が三分間切れたら待てないと言う国民のために、頑張っている電力会社と社員へのバッシングを封印しようではないですか。

同時に、電力会社の社員も本当にお客さまの求めているものは何かを、常に念頭に置きながら、新たな時代の要請を先取りして奉仕の精神を一層認識し、電気事業のサービスとは今のままでよいのかを問い続け、今回の出来事を傲慢だったと謙虚に反省し、その言葉を自らに浴びせながら懸命に信頼の回復に努めて貰いたいと考えます。

第五節　原子力から逃げない覚悟が真の日本再生の道

最近漸く、脱原発がわが国にとって大変な破壊的行為になることに気付いて、本気で正論を述べる賢者が、段々増えて来ました。

もちろんすでに、米倉弘昌経団連会長、岡村　正商工会議所会頭および長谷川閑史経済同友会代表幹事をはじめ、各地域の経済団体からは、それぞれ脱原発が国民経済の崩壊に繋がること、少なくともじっくり時間を掛けて、原発を柱にわが国のエネルギー基本政策のベストミックスを、追及していくべきだとの要請が政府に出されています。私が住む九州の経済団体からもこの八月、九州経済連合会の松尾新吾会長等の名前で、上述とほぼ同主旨の意見が政府へ提出されています。

ここでは、個人名で出された前向きの意見について気付いた範囲で、すでに紹介した人も含め若干ダブりましが、論旨のポイントを取り上げてみます。

（注）順不同、敬称略

○国益に背く「原発ゼロ」

（読売新聞「地球を読む」二〇一二年九月九日）

JR東海会長　葛西敬之

「化石燃料はほとんど中東からの輸入で、供給量も価格も不安定である。再生可能エネルギーは調達の効果が低く、価格面から見ても原子力の代替にはならない。原子力抜きで日本はいかにして低コストで良質の電気を安定的に確保するのか。安価な電力の安定供給なしに、いかにして日本の製造業は世界の市場で競争を維持できるのか。強い製造業無しに、日本人はどこに雇用を求め、生活の質を維持しようとするのか。ポピュリズム（大衆迎合主義）に堕した政治家は国を誤る。（以下略）」

○原発再稼動で国家破綻防げ

（産経新聞「九州経済同友会提言」二〇一二年九月八日）

九州経済同友会代表委員　石原進

「原発が停止したままでは、やがて電気料金の値上げとなる。電気代が二割、三割となったらどうなるのか。（中略）家庭の電気代が三割上がっても、なんとかやりくりで乗り切れるだろう。だが産業は違う。一割の値上げでも企業は持たない」「九州では、ただでさえ半導体産業の撤退が続いている。この状態で電気代が値上げされれば、九州の産業はどんどん落ち込み、やがては壊滅します。雇用もなくなり、社会全体を不安にします」「原発停止は、日本の財政にも影響している。（中略）実際、平成二十四年上半期の貿易収支は、燃料の輸入増で三兆円近い赤字となった。多額の赤字を抱える日本にとって、貿易赤字はある日突然《日本の叩き売り》を招きかねない」「福島原発の事故後の雰囲気に遠慮してか、経済界からの原発を動かせと言う発信が弱い。しかし、日本経済のため、日本国民のため、経済界はもっと発信しなければならない。エネルギーは国民生活存立の基盤である」

○「敗北思想」で福島の経験を捨てていいのか

（小学館「原発再稼動——最後の条件」大前研一著）

ビジネス・ブレークスルー（ＢＢＴ）大学学長　大前研一

「福島第一原発事故は、日本の国土と国民に再起不能かと思わせるような甚大な傷を残しました。（中略）しかし、このような事故があったために、すべての原発を今すぐ永遠に廃棄するというのは《敗北思想》以外の何物でもありません。少なくともここで完全撤退したのでは、科学技術の進歩はありません。（中略）事故がつらく悲惨な経験であればあるほど、それを教訓として、どんな事態が起きても確実に冷温停止できるような原発技術を生み出し、日本の産業として、あるいは日本のエネルギー源として伸ばしていくという勇気を持てるかどうかーそのことが、いま問われているのです」（同書百六十五頁）

○「命を守る」という抽象論

（新潮新書「精神論ぬきの電力入門」澤昭裕著）
二十一世紀製作研究所主幹　澤昭裕

「《命を何だと思っているんだ》《命を守るために原発を止めよう》《原発に殺されてもいいのか》――こうした意見をテレビや講演会、反原発デモなどで、何度となく聞きました。《命》は何よりも優先されるべきだから原発には議論の余地すらない、《命》がかかっている以上原発は絶対撤廃だ、そう訴えるのです。

しばしば原発の議論が（中略）具体的な政策論に至らないのは、《命を守る》という抽象的な表現が前面に押し出されているためではないでしょうか。

（中略）《今すぐ原発を止める》ことが《命を守る》ことだというなら、なぜそうなるのかの論理が必要です。いま全てを廃炉にしたとしても、使用済燃料の処理問題は残りますし、廃炉費用や代替燃料のコストが今以上に国民生活を圧迫するでしょう。その場合、本当に《今すぐ原発を止める》ことだけで《命を守る》ことになるのかどうか、冷静に考えてみなければなりません（以下略）」

〇原発ゼロなら輸出できない

（産経新聞「エネルギー選択の視点」二〇一二年八月二十三日）

三菱重工業会長　佃和夫

「これまで米国、南米や欧州に原発を積極的に輸出し、アジア、中東、南米での商談は進んでいる。（中略）自国で危ないと判断したものを海外に販売はできない。使用済み核燃料処分や地震、津波などは、日本だけでなく海外にも共通した問題だ。想定外の事象に対応する設備やノウハウに、自国で自信が持てなければ輸出できない。（中略）新型天然ガス火力発電のコストが一キロワット時10円程度のなか、四十二円という太陽光発電の買い取り額を二十年間も続けることが可能だろうか。メーカーにとってもコスト低減への技術開発意欲につながらない。実現するか分らない再生エネの技術革新をエネルギー政策の前提にすべきではない」

○原子力発電は電力のベース、そして国策エネルギー
（「クリーンエネルギー国家の戦略的構築」二六三頁、財界研究所二〇一一年三月十一日）
　正興電機製作所最高顧問　土屋直知
「日本は資源が無い国だからこそ、原子力を安定したベース電源に据え、高効率の火力発電、地熱発電、太陽光発電や風力発電などのベストミックスを構築し、世界のエネルギーの在り方をリードしていく必要があります。これまで培ってきた技術をさらに進化させること。そして、化石燃料の使用を極力抑え、再生可能エネルギーを最大限活用していくことが、国家のエネルギー政策に据えられております。これを軽々に変えるべきではない。後世のためにしっかりと継承しなければなりません」

○原子力は「主権の基盤」と心得よ
（産経新聞「正論」二〇一二年八月二十三日）
京都大学原子炉実験所教授　山名元

「《エネルギー政策》が領土問題と同様に、我が国の存立と主権の根幹的基盤であることを実感している人は少なくないだろう。（中略）《脱原発と再生可能エネルギー》という将来像への観念的賛否が問われ、他国からの圧力や海外での紛争に対して主権を維持し堅牢な国を維持するための《エネルギー戦略》の在り方は、十分に問われていない。（中略）原子力発電は、地政学的に安定した国々からのウラン燃料を確保すれば、長期的に安定的に発電を継続することが出来る。原子力発電は（中略）長期に亘る電力供給を保証できる、いわば《準国産の電源》である。（中略）

《脱原発という贅沢な選択》をめぐる我が国の混乱を、海外各国は冷ややかに、虎視眈々と見ているのではないか。（中略）いかなる政権であれ、政府がなすべきは、事故のショックから原子力を強く忌避する国民感情に対して、安全や規制の本質的な改善を提示したうえで、強靭な国を維持するための戦略的方策としての、原子力を含めたエネルギー戦略のあり方を、改めて問うことではないか」

○日本よ「国家的喪失」

（産経新聞二〇一二年十月一日）

石原慎太郎

「最近官邸前で盛んな反原発デモは子供まで連れて、この子供の将来のためにもという道具仕立てでかまびすしいが、それへの反論説得のために政府は一向に的確な説明をしきれずにいる。大体脱原発依存のため三つのパターンをいきなり唱えて、そのどれにするかなどという持ち掛けは粗暴で子供じみたもので、何の説得性もありはしないし、原発廃止を唱えてうきうきして集っている輩も、放射能への恐れというセンチメントに駆られているだけで、この国の近い将来の経済のあり方、そしてそれを支えるべきエネルギー体制への具体案など一向に備えてはいない。（以下略）」

○日本、原発ゼロ再考を

（日本経済新聞　二〇一二年九月十三日）

米国戦略国際問題研究所（ＣＳＩＳ）所長　ジョン・ハレム

「先週、野田佳彦首相は日本のエネルギー源として原子力を放棄したい考えを示した。その真摯な願望であることは疑いの余地はない。

しかし今後、何年にも亘って日本は原子力インフラを維持しなければならないという

（逆の）結論に彼は達することを私は信じている。

歴史的に日本は近代的な経済のエネルギー基盤を欠いて来た。このため過去、歴代の日本の指導者たちは原子力発電所のネットワークを築き上げ、発展する経済に必要な電力を担ってきた。原子力は日本の驚異的な経済成長にとって、必要欠くべからざる構成要素だったのである。

残念なことに、日本政府は商業用の原子力発電所を適切に管理する構造を構築してこなかった。（中略）太陽光エネルギー、風力発電は魅力的だが（中略）・・・日本は一日、一年を通じて一〇〇％頼れるエネルギーを必要としている。日本のようなエネルギーに乏しい国家にとって、パワフルでモダンな社会を維持するために原子力は不可欠なのだ。（中略）

熟慮を重ねた考察に基づけば、日本が原子力国家であり続けなければならないことはわかるはずだ。（以下略）」

以上幾つかの賢者の意見を、取り上げて見ました。

いずれの論者も、わが国から原子力発電と言うエネルギー政策の主柱を無くすことは、日本と言う国が無くなることに等しいとの強い危機感を、それぞれの立場で主張しておられると思いました。
＊原発ゼロにするというが、廃炉にしてそのウラン燃料を一体どう処理するのか。その国民の負担は、大変なことである。
＊原発は他の国は、国家の主権そのものである。世界のトップの座に在る我が国が、脱原発と騒いでいるのを、虎視眈々と狙っている。
＊再生可能エネルギーで、原発をカバーなどとても無理。二十年間の固定価格買取制度など、電気料金値上げなど国民負担の巨大さが実感されてくると、突然大混乱になりかねない。
＊基本は、ポピュリズムに乗った脱原発の数字合わせでなく、政府が責任を持って、早々に福島原発事故で発生した放射能忌避の国民感情を払拭するよう、原発の安全や規制の本質的な改善の上に、強靭な戦略的エネルギー政策を、国民に問うことである。
＊未来永劫日本のエネルギー源は、原子力発電を主柱としなければ成り立たない。
私は、こうして取り上げさせて頂いた賢者の方々の思いを踏まえ、今こそ是非、政治家のみなさんに原子力発電の必要性を提言したいと思います。

最後に申しますが、有史以来世界でも稀に見る拝受社会と言う伝統、それを今日まで変えることが無かったわが国は、新渡戸稲造の「武士道」に紹介されている通り、神すなわち《天》の掟に従うと言う「変えられない風土」を持っています。それが日本であり、日本人の精神的拠りどころで在ると言うことを、是非未来にも活かしていく必要があります。

同時に、《無資源国》のわが国は原子力と言う《準国産資源》を活かす努力が無ければ、間もなく今世紀後半には必ず遣って来る、「宇宙時代」に先駆けることは絶対に在りえないし、産業も雇用も無くなって下手をすると周りの国から押し潰されかねないことを、覚悟して貰いたいと思います。

そのための放射線のトラウマから、国民の皆さんが早々に脱出されることを願っております。

第六節　原発は宇宙を目指すグローバル・イノベーション国家日本への架け橋

1・脱原発のエゴイズム

私が愛読している書籍の一つ、E・H・カー著「危機の二十年」（岩波文庫）の中に在る言葉を思い出しました。

それは、《人間は生まれながらにして政治的動物である》と言うアリストテレスの明言を引用しながら、次のようにその意味を述べていることです。

すなわち、私たち人間は社会（大きくは地域や国家）の中で過ごしているわけですが、その場合誰もが二つの方法を使うと言うのです。

一つは、「エゴイズムを発揮して他者を犠牲にしても自分を強く押し出そうとする意志をあらわにする」と言う方法

二つは、「社交性を示して他者と協力したり、他者と善意や友情を交し合う関係に入ったり、さらには他者に服従さえしようとする」と言う方法

そして「どんな社会でも、人間のもつこれら二つの性格が働いているとみてよい」と述べております。（前掲書百九十四～百九五頁）

さらに、どんな社会（現在は国家とその中の地方地域）でもエゴイズムでは成り立たず、「社会的成員の相当部分が協力と相互善意の気持ちをある程度示すのでなければ、いかなる社会（国家と地方地域）も成り立たない」（前掲書）と明言しております。

その上で、さらにウォールター・リップマンの「自己中心的な意見だけでは、すぐれた政治をもたらすことはできない。この認識を欠く民主主義理論では、理論と実践の果てし

ない葛藤に巻き込まれる」、と言う言葉を重ねて見たいと思います。（W・リップマン著「世論（下）」百五十八頁岩波文庫）

なぜ、わざわざこうしたことを引用したかと言えば、自由主義とか民主主義と云う今日の世の中の基本になっている制度は、西欧の近代化の中で創られたものですが、それが完全なものではないため以上のような、賢者の戒めが鋭く引き継がれていると言うことを述べたかったからです。

冒頭の序章でご紹介したように、「脱原発」を現在の民主党政権が世論の付託と称して、強引にもほんの一握りの集団の意見をエゴイスティックに、日本国民全体に押し付けようとしていることです。それは、決して民主主義の本道ではありません。もしも、「脱原発」を本気で掲げるなら、私が本書で述べているような日本のこれからの外交方針はもとより、何と言っても国家の財政と、国家を成り立たせている国民一人ひとりと数百万社の企業と産業、並びに原発が立地する地域社会とに、「脱原発」という政治政策がどのような具体的痛みと影響を及ぼすのかを、それこそしっかりと示さなければなりません。私が「序章」の中の第四表で示したような、少なくとも年間二十八兆四千億円にも達する悪影響が出ることを、国民の前に説明しなければなりません。

もちろん、「脱原発」がどれほどのプラスを国民にもたらすかも、十分説明すべきでしょう。ところが、政府の国家戦略室が二〇一二年七月に作成した「原発からグリーンへ」という説明資料には、僅かにその効果として書かれているのは、次の三点だけです。他には、どこにも説明がありません。

①クリーンエネルギーの転換で成長加速→グリーン政策大綱の策定

②需要家がエネルギーを主体的に選択するシステム→エネルギー・電力システム改革の実行

③多面的な国際貢献→地球温暖化問題解決のモデル→原子力平和利用国としての責任実施（原子力リスク管理、安全向上、除染、廃炉管理等）

いずれの項目も未だかたちだけで、具体策は書かれておりません。すでに述べてきたように、例えば原発を廃止して再生可能エネルギーの中心である、太陽光発電と風力発電事業などだけで、経済成長を《加速》など出来るのでしょうか。これ一つ取っても、とても明るい材料とは思えません。また多面的な国際貢献として掲げる地球温暖化解決モデルが、本当に原発抜きで出来るのでしょうか。原子力平和利用の責任実施と言いますが、全国五十四ヶ所の原発を次々に打ち壊しておいて、国内のだけでも多分手一杯なのに、国際貢献など出来るはずはありません。

こうした疑問に応えることさえ全くしないで、十八年後の二〇三〇年に向けて脱原発を、どれだけ勧めるかを急いで判断しようと云うのは、ウォールター・リップマンの言う通り、正に自己中心的な政治行為の暴挙としか言えません。

この原稿を書いている時（九月十四日）政府がその前日慌てて発表した「革新的エネルギー・環境戦略」と題する内容に、すぐさま経団連や商工会議所など経済団体と原発立地地点の自治体首長、さらに心ある学者や専門家が一斉に反発して「原発ゼロはありえない」と声明や要請を出しました。

それでも野田首相は、前述したように九月二十六日国連総会に出席して、わざわざ二〇三〇年代に日本のエネルギー政策を脱原発に限りなく近づけると述べました。余りにも理性を失った自己中心的な発言としか考えられません。どうしてそのように脱原発という筋書きにこだわるのでしょうか。国連の場での発言は、日本と日本国民の運命を背負っているということは判っているはずです。日本の政治のトップである首相が、進んで日本の打ち壊しを宣言するのでは、やがてこの国は亡びるしかないということです。

2・安易な原発ゼロ政策への反論

それにしても、心ある人たちが何故きびしく政府のエネルギー政策を問題視するのでしょうか。それは政府の戦略に「二〇三〇年代に原発稼動ゼロを可能とするよう、あらゆる政策資源を投入する」と謳ったことについてですが、その政策内容が余りにも稚拙であり、かつ整合性の取れないものだったからです。

正に現政権が自ら偽造したのに均しい市民世論の声と言う「原発ゼロ」を押し進め、次期選挙の材料として使おうと言うことに固執した、とても本気でわが国の将来像を描くものではなかったからです。

ちょうど自民党の次期総裁を選ぶ安倍晋三、石破茂、町村信孝、石原伸晃、林芳正の五人の候補の討論会が行われておりましたが、全員が民主党野田政権の原発ゼロ政策に、強く反対を表明し「非現実的だ」「エネルギー基本政策は、じっくり時間を掛けて結論を出すべし」などの意見がでておりました。

マスコミも、この点だけは無視するわけにいかず、各紙が取り上げもちろんＮＨＫも報道しました。

＊原発ゼロ矛盾随所に↓再稼動明記、核燃料サイクル継続など↓選挙にらみ迷走（日本経済新聞九月十五日トップ記事）

＊原発ゼロ　米英仏が懸念↓安保・資源争奪・核のゴミ↓負の影響回避求める（同上九月十四日）

＊「原発ゼロ」はや矛盾↓経産相建設再開を容認（朝日新聞九月十六日）

（注）３・11後建設を中断していたＪパワー大間原発（百三十八万三千ＫＷ東電東通原発一号（百三十八万五千ＫＷ）中国電島根原発三号（百三十七万三千ＫＷ）を続けると明記した。矛盾とは、原発は四十年で廃炉ということとか、二〇三〇年（後十八年）までの間に、原発ゼロの方針とチグハグだと言うもの。

＊「原発ゼロ、産業界から注文相次ぐ↓空洞化防止、安価の電力を↓コスト増、転嫁難しく」（日本経済新聞九月十五日）

＊「原発ゼロ、また矛盾↓大間・島根原発建設再開容認↓五十年代まで稼動も可能」（読売新聞九月十六日）

＊「原発ゼロ、展望なき選択↓地元《曖昧な方針、迷惑千万》」（産経新聞九月十六日）

これだけ批判されるのは、如何に現政権の「革新的」と称して打ち出したエネルギー・

環境政策が、全く国家と国民のことを深い洞察の上に考えた戦略ではなく、正に政権を失いたくないと言うだけの、世論と言う名に媚びたエゴイスティックで姑息な戦略無き戦術だと言わざるを得ません。

しかも政府は、早速ウイーンで開催中のＩＡＥＡ年次総会に出かけて行って、山根隆治外務副大臣が、初めて日本が「二千三十年代の原発ゼロ」を目標とする新エネルギー戦略を閣議決定したと、加盟各国に表明したと言います。これに対し、各国代表から本当にそんなことが可能かと言う意味の質問が出て、「経済への影響や国際社会との協力状況を見ながら、不断に見直していく」との協調したと言う話です。（九月十八日毎日新聞、日経新聞参照）

しかも、先ほどから述べるように、野田首相自身が国連総会で脱原発、原発ゼロを宣言しました。

三年前の鳩山元首相のＣＯ２二十五％削減の唐突な国連での宣言と言い、今回の正に実現不可能な《原発ゼロ宣言》と言い、国際社会での日本政府の発言は、ますますわが国のこれまでの品格ある行動に、とても大きな打撃を及ぼしております。これを回復することの非常に大変なことが、今の政治のリーダーたちには全く見えていないとしか言いようがありません。

そして遂に、九月十八日には経団連・商工会議所・経済同友会のトップが揃って記者会見し、「政府には責任あるエネルギー戦略をゼロから創り直すよう求めたい」と強く訴えました。さらに現政権民主党の支持母体でも在る労働組合（連合）も、原発ゼロでは雇用が維持出来ないと批判し始めました。

このため、九月十九日の閣議での新エネルギー・環境政略の基本方針は、次のように極めて曖昧なものになってしまいました。

「今後のエネルギー・環境政策については、《革新的エネルギー・環境戦略（九月十四日エネルギー・環境会議決定》を踏まえて、関係自治体や国際社会と責任ある議論を行い、国民の理解を得つつ、柔軟性を持って不断の検証と見直しを行いながら遂行する）

十八年後の二〇三〇年には、「原発ゼロ」を目指す方針を実質的に纏めた、古川元久国家戦略担当大臣は、九月十九日の上述のような真に曖昧な閣議決定内容となった関連し、記者会見では次のような発言をしたと言うことです。

「今回は戦略を踏まえて具体化をはかる。そうした政策決定を見据えたものだ。決定内容をかえたものではない」（各紙報道）

これを見ても判りますが、わが国政府の方針が本当に国家国民のこと真剣に考えたものではなく、次期選挙に勝てるかどうかと言うことを、主軸に組み立てられたものであることが明白であります。

しかも、九月十九日の閣議後の上述の発表内容に付いても、うやむやであることはもちろんですが、今後のエネルギー・環境政策について「関係自治体や国際社会と責任ある議論を行い」と述べています。私は、政府が《責任ある議論をする「相手」》に、何故中小企業を含め企業関係者や産業界を入れないのか不思議でなりません。現在も未来ももちろん、国家社会は企業があって、そしてそこで働く経営者と従業員があって、初めて成り立っています。関係自治体はもちろん重要ですが、商売をしている企業が無ければ自治体は成り立ちません。今の政権を担っている政治家の、見識を疑いたくなる閣議決定の内容ではないでしょうか。

さらにこうした曖昧を装っている内容に、決して安心してはいけません。選挙を意識し表現を曖昧にしただけで、前述の通りいろいろな場所で野田首相や古川大臣が明言しているように、現政権が「原発ゼロ」ないし「脱原発」の方針を変えたわけではありません。

3・原発は宇宙を目指すグローバル・イノベーション国家日本の架け橋

ＴＭ研究会と言う産学の賢者が集まる純民間組織が在ります。正式には、「二〇五〇テクノロジー・マネジメント知の育成研究会」と称しますが、このＴＭ研究会は小宮山宏三菱総研理事長が東京大学の総長だった七年前に、経営者と学者が自由に議論し会う場（サロン）として、私が相談相手になり作ったものです。松尾新吾氏、渡　文明氏、草刈隆郎氏、三村明夫氏、小島順彦氏、川口文夫氏、張富士夫氏、庄山悦彦氏などの協力で立ち上げ、現経団連会長の米倉弘昌氏や潮田洋一郎氏も参加して頂きました。学者も東大の松本洋一郎、吉見俊哉、五神真（現各副学長）、吉川洋、橋本和仁、長谷川真理子、本田由紀各教授など、さらに金子郁容慶応大学教授も参加してくれました。

その後参加者が増え現在は、学者十九人経営者四十五名の集団です。二年前から三つの委員会に分れ議論している内容が、次第にこれから約二十年先のこの国の姿は何か、そこに至るヒト・モノ・カネと情報と技術のネットワークをどう構築していくかと言うことに結び付くための、諸条件の整備をどうして行くか。そこに、集中してきております。

では一体、約二十年先、すなわち二〇三〇年のその先の国家ビジョンとは何か。未だ明確ではありませんが、私はおそらくどんどん情報と技術の進歩が加速されて、かつ人口爆発の影響も踏まえ、かなり早い時点で世界が《宇宙時代》を目指すことになるのではないかと思われます。

そうした中での、日本と言うこの国の役割は何か、それがＴＭ研究会のこれからのテーマだとも言えます。

三つ委員会すなわち、古森重隆委員長、小島順彦、松本洋一郎両副委員長以下十七名が参加する「長期ビジョン委員会」程　近智委員長、草刈隆郎、北山禎介両副委員長以下二十三名が参加する「人材・雇用等委員会」それに三村明夫委員長、木村　康、橋本和仁両副委員長以下二十三人が参加する「資源・食料・環境委員会」という豪華メンバーによる構成です。

この三つの委員会で、それぞれに独自に議論され始めたのに、どうやら一致して来たのが、本格的なグローバル化時代に一体わが国は《何を産業の糧》として生きていくのかと言う問いに対する答えを、政治が用意していないとの厳しい指摘です。

最近この三つの委員会の幹部も参加した研究総会を開いたところ、そのことについてそれぞれから期せずして《日本はグローバル・イノベーション国家》として、「世界をグローバルに相手にした新たな産業構造の改革」をするしか無いと言うような意見が出てきました。もっとくだけて言うと、世界中言葉も歴史も宗教も民族も、そして国家観も異なる相手に積極的にアプローチすること。

その上で言ってみれば、日本の企業が得意とする ①《提案型》でかつ ②《システム》と部品供給とをパッケージで輸出するビジネスであり、同時に ③システムの運用管理サービスを怠らないという、日本人の良さである《信頼信用と絆》を、しっかりと売り物にしていくしか無いと言うことであると思います。

これが、多分宇宙時代を前にした、わが国の方向であろうと考えます。そうだとすれば、無くてはならないインフラ中の最も重要なインフラである電気のエネルギーは、今のところどうしても原子力発電に頼らざるを得ないと考えます。

もちろん二十一世紀の後半には、渡文明氏が提唱する水素エネルギーによる電気の開発が本格化するでしょう。電気の蓄電や再生可能エネルギーの開発も、相当に進む可能性も十分にあります。その上で、小宮山宏氏が提唱する二十一世紀末に向けての省エネルギーと資源のリサイクルによる、新たなエネルギー資源の負荷の無い文明社会が完結し、われわれが宇宙に何時でも飛び出せるようになるでしょう。

だが、そこへの《架け橋》は、無資源国日本の準国産資源の原発しか在りません。わが国は、今回の福島第一原子力の事故の経験を、国民と国家の責務としてその傲慢さを猛反省し、その経験を宇宙時代に活かす覚悟が必要です。放射性物質恐怖のトラウマを、是非克服しなければなりません。

脱原発と言って、エゴイスティックに逃げまくる敗北主義で無く、原発をあくまで活かすという覚悟が出来たとき、日本人は初めて再び世界の人々から、信頼され尊敬される国に成ると確信します。

結び

この本の題を「脱原発は《日本国家の打ち壊し》」という、とても吃驚されるようなタイトルを選んだのは、少なくとも次の二つの理由があります。

一つは、最近漸く立派な賢者の方々が、原発ゼロだの脱原発ないし脱原発依存などと大衆迎合的なことを本当に行えば、日本は間違いなく潰れると主張しておられます。太陽光など再生可能エネルギーでは、とても原発の代替は不可能だと主張しておられます。また、とんでもない今後二十年間に亘る、再生可能エネルギーの全量固定価格買取制度の大変な国民負担が生じ、産業や企業が潰れかねないと言うことも主張され始めました。その通りです。

しかし皆さんの主張の中には、肝心の原発から出る放射性物質のことやその影響についての誤解が、基本に在るにもかかわらず、そこのところが殆ど触れられていません。これでは、ポピュリズムに乗った政治家をはじめ、世論迎合的な人たちを本格的に説得出来ません。

二つは、電力会社はそれが生まれた時から純民間ですが、同時に経営理念の基本は一般の市場競争を原理とする企業とは違って、消防や警察や自衛隊と同じく、それこそ国と国民を守り公共に尽くすことを、経営理念としていると言う点を述べたかったからです。

さらにもう一つ追加して述べれば、次の二点の論文と書籍を読む機会が在ったからです。電気を市場原理で、一般の商品のように扱うことが如何に間違っているか、すでに欧米においてその失敗が明らかになって来ています。決して、保守的な考え方などと批判されるものではありません。電気は、人々の命を守るインフラ中のインフラと考えるべきです。

一つは、著名な評論家俵孝太郎氏の「NHKが促進する日本人の劣化」と言う論文を、知人S君がわざわざ送ってくれました。それを読んだからです。正に、NHKのテレビに映し出すものが世論と言う妖怪を制覇し、政治が同じレベルで国政を司る世の中を、何とかしなければならない。その焦りが、このようなタイトルを選ばせた大きな要因です。

もう一つは、同じく著名な大前研一氏著の「原発再稼動《最後の条件》」（小学館）と言う力作を熟読したからです。この本は、自らが原子力発電所の製作現場に技術者として携わったと言う、原子力専門家の立場で、福島第一原子力発電所の事故の経緯を検証しながら、事故の原因とその修復作業過程を綿密に辿り、自然災害と政治家政府官僚と事業者の人災の原因を追及した、科学的な研究論文でもあります。

間もなく、衆議院議員の選挙が行われます。「脱原発」を主張しないと、選挙に出られないような風潮を是非とも変えさせなければなりません。

真剣にそう思いながら、この本を書きました。是非心ある方々のお力で、この本に書いたことを広めてください。そして、少しでも多く準国産資源の原発が、この国に必要だと言う同志を国会に送ってください。

本書の出版に当たっては、これまで原発の問題を中心に出版して来まし三つの書籍「3・11《なゐ》にめげず」「クリーンエネルギー国家の戦略的構築」「電気の正しい理解と利用を説いた本」に啓発され、かつご示唆を頂いたことが、あくまで基本であります。その基礎の上に、反原発の立場を取られる著作も含め、別に掲げた専門家や学者の方々の著作に大変お世話になりました。

それに、M、N、I、T、S、K、H、Oのみなさんなどなど沢山の友人の方々から、強いご支援を頂いきました。それにもう一人のMさんは、わざわざ執筆の陣中見舞いに来て下さいました。その他にも大勢の皆様が励ましてくださいました。また特に地元で行っている明徳研究会や、その他の勉強会などの仲間からも、大いに勇気付けられました。

敢えてお名前は掲載しませんが、種々のアドバイスや激励や情報を下さった方々、ご意見を頂いた皆様に、この場を借りて心からお礼を申し上げます。

今回も私の主張に賛同して頂き、出版を快く引き受けて下さった財界研究所の村田博文社長に感謝いたします。同社の畑山崇浩記者には、精力的に編集等を行ってもらいました。それに資料を提供してくれた福岡のY君と東京のK君、ありがとうございました。また何時も私が原稿を、忙しく作成したものをきちんと整理しくれる廣田順子秘書には、改めて感謝を申し上げます。

二〇一一年九月吉日

永野芳宣

本文中の表・図一覧

（注）一　掲載した「出典名」の入っていない第六表、第八表、第九表①②、第一図、第六図、第七図は、政府が行なった「エネルギー・環境の選択肢に関する意見聴取会」の参考資料として、インターネットで国民に向け公表した資料をそのまま掲載したものである。

（注）二　第二表は消費者庁のホームページ「食品と放射能」（消費者庁作成）より引用したものである。

（注）三　第四表、第十四図、第十七図、第十八図、第二十一図は、電気事業連合会のホ

ームページより引用作成したものである。

（注）四　第九図は「日経　資源・食料・エネルギー地図」（日本経済新聞社）より引用したものである。

本文中の用語

多くの用語が出てきますが、その中で各章ごとに特に重要だと思われる用語を挙げておきました。

○序章

トラウマ

コーデックス

無資源国

準国産資源

天の差配

拝受社会

風評被害

政府の代弁者ＮＨＫ

半減期

ベクレル

地球環境温暖化
老朽火力
一次エネルギー
石油カロリー換算
低所得者への逆進性
電気とイオン

○第二章
僻地・離島
再処理工場
中間処理施設
最終処分地
日米原子力協定
老朽火力
運転再開

定期検査
公共サービス
脱原発依存
防潮堤
第一次補償者
風評被害
南海トラフ
関連事業資産
原子力損害賠償法
原子力損害賠償機構
三つのシナリオ
国土条件
モンスーン地域
全量固定価格買取制度
三十万Ｋｍ／秒

PPS法
○第三章
ベクレル
シーベルト
グレイ
電子ボルト
放射性物質
原子崩壊
チェルノブイリ
セシウム
カリウム
DNA機能
ミネラル
X線
粒子線

粒子
電離放射線
イオン
人工放射線被曝
食品基準値の国際比較
原爆破壊の三大要因
ＴＭ研究会
グローバル・イノベーション国家

本文中の人名

中味を具体的に分り易く説明する都合上、多くの方々の名前を本書の中で取り上げております。あくまで、公表されたものから文献資料を使いましたので、ご本人には今まで通り、事前にはお断りしておりません。この場を借りて、ご了解を得たいと思います。

(注)概ね掲載先出順、敬称略

○序章

古川元久
野田佳彦
石原慎太郎
鳩山由紀夫
菅　直人
小林良彰
吉田沙保里

○第一章
アンゲラ・メルケル
藤井　聡
山名　元
岡本行夫
エルンストン・カッシーラ
ウォールター・リップマン
星出彰彦
土井隆雄
野口聡一
マックス・ウェーバー
ジャレド・ダイヤモンド
大前研一
G・H・ウエルズ
○第二章

海江田万里
古川　康
澤　昭裕
麻生太郎
竹下　登
広瀬直己
枝野幸男
福山哲郎
熊谷　徹
○第三章
小宮山洋子
岡崎龍史
大朏博善
近藤宗平
下河邉和彦

村田博文
渋沢栄一
米倉弘昌
岡村　正
長谷川閑史
松尾新吾
葛西敬一
石原　進
佃　和夫
土屋直知
ジョン・ハレム
安倍晋三
石破茂
町村信孝
石原伸晃

本文中の人名

林芳正
新渡戸稲造
山根隆治
小宮山宏
松本洋一郎
吉川　洋
橋本和仁
吉見俊哉
五神　真
長谷川真理子
本田由紀
金子郁容
渡　文明
草刈隆郎
三村明夫

[著者紹介]
永野芳宣(ながのよしのぶ)
1931年生まれ。福岡県出身、横浜市立大商卒。東京電力常任監査役、特別顧問、日本エネルギー経済研究所顧問、政策科学研究所所長・副理事長、九州電力エグゼクティブアドバイザーなどを経て現在、福岡大学研究推進部　客員教授。ほかにイワキ特別顧問、メルテックス相談役、正興電機製作所経営諮問委員会議長、立山科学グループ特別顧問、ジット顧問、TM研究会代表幹事、福岡大学寄付連携研究講座「新殖産興業イノベーション研究」代表研究員などを務める。

[主な著者]
『外圧に抗した男』(角川書店)『小説・古河市兵衛』(中央公論社)『日本型　グループ経営』(ダイヤモンド社)『「明徳」経営論』(中央公論新社)『日本の著名的 無名人[Ⅰ〜Ⅱ]』(財界研究所)『ミニ株式会社が日本を変える』(産経新聞出版)『蒲島郁夫の思い』(財界研究所)『目指せ日本一だ』(同)『3・11 《なゐ》に めげず』(同)『急げ!国産資源の輸出戦略』(西日本新聞社)「クリーンエネルギー国家の戦略的構築」(財界研究所)、「電気の正しい理解と利用を説いた本」(同)ほか論文多数。

脱原発は「日本国家の打ち壊し」

2012年10月29日　第1版第1刷発行
著者――――永野芳宣
発行者――――村田博文
発行所――――株式会社財界研究所
[住所]〒100-0014　東京都千代田区永田町2-14-3　赤坂東急ビル11階
[電話]03-3581-6771
[ファックス]03-3581-6777
[URL] http://www.zaikai.jp/

印刷・製本――――凸版印刷株式会社

IISBN978-4-87932-088-9
定価はカバーに印刷してあります。